"十三五"国家重点图书出版规划项目
中国特色畜禽遗传资源保护与利用丛书

甘 南 牦 牛

梁春年　阎　萍　主编

中国农业出版社
北　京

本书编写人员

主　编　梁春年　阎　萍

副主编　马桂玲　张少华　毛红霞　杨　振

编　者　（按姓氏笔画排序）

丁考仁青　丁学智　马忠涛　马桂琳　毛红霞
文志平　石生光　石红梅　包鹏甲　华红新
安海宏　刘振恒　李建民　杨　振　杨青平
杨树猛　杨晓丽　杨银芳　吴晓云　张少华
南青卓玛　姚喜喜　党　智　郭　宪　姬万虎
娘毛加　阎　萍　梁春年　褚　敏　裴　杰
熊　琳　薛　明

审　稿　姬秋梅

出版说明

我国是世界上畜禽遗传资源最为丰富的国家之一。多样化的地理生态环境、长期的自然选择和人工选育，造就了众多体型外貌各异、经济性状各具特色的畜禽遗传资源。入选《中国畜禽遗传资源志》的地方畜禽品种达 500 多个、自主培育品种达 100 多个，保护、利用好我国畜禽遗传资源是一项宏伟的事业。

国以农为本，农以种为先。习近平总书记高度重视种业的安全与发展问题，曾在多个场合反复强调，“要下决心把民族种业搞上去，抓紧培育具有自主知识产权的优良品种，从源头上保障国家粮食安全”。近年来，我国畜禽遗传资源保护与利用工作加快推进，成效斐然：完成了新中国成立以来第二次全国畜禽遗传资源调查；颁布实施了《中华人民共和国畜牧法》及配套规章；发布了国家级、省级畜禽遗传资源保护名录；资源保护条件能力建设不断提升，支持建设了一大批保种场、保护区和基因库；种质创制推陈出新，培育出一批生产性能优越、市场广泛认可的畜禽新品种和配套系，取得了显著的经济效益和社会效益，为畜牧业发展和农牧民脱贫增收作出了重要贡献。然而，目前我国系统、全面地介绍单一地方畜禽遗传资源的出版物极少，这与我国作为世界畜禽遗传资源大国的地位极不相称，不利于优良地方畜禽遗传资源的合理保护和科学开发利用，也不利于加快推进现代畜禽种业建设。

为普及对畜禽遗传资源保护与开发利用的技术指导，助力做大做强优势特色畜牧产业，抢占种质科技的战略制高点，在农业农村部种业管理司领导下，由全国畜牧总站策划、中国农业出版社出版了这套“中国特色畜禽遗传资源保护与利用丛书”。该丛书立足于全国畜禽遗传资源保护与利用工作的宏观布局，组织以国家畜禽遗传资源委员会专家、各地方畜禽品种保护与利用从业专家为主体的作者队伍，以每个畜禽品种作为独立分册，收集汇编了各品种在管、产、学、研、用等相关行业中积累形成的数据和资料，集中展现了畜禽遗传资源领域最新的科技知识、实践经验、技术进展与成果。该丛书覆盖面广、内容丰富、权威性高、实用性强，既可为加强畜禽遗传资源保护、促进资源开发利用、制定产业发展相关规划等提供科学依据，也可作为广大畜牧从业者、科研教学工作者的作业指导书和参考工具书，学术与实用价值兼备。

丛书编委会

2019 年 12 月

序言

我国是世界畜禽遗传资源大国，具有数量众多、各具特色的畜禽遗传资源。这些丰富的畜禽遗传资源是畜禽育种事业和畜牧业持续健康发展的物质基础，是国家食物安全和经济产业安全的重要保障。

随着经济社会的发展，人们对畜禽遗传资源认识的深入，特色畜禽遗传资源的保护与开发利用日益受到国家重视和全社会关注。切实做好畜禽遗传资源保护与利用，进一步发挥我国特色畜禽遗传资源在育种事业和畜牧业生产中的作用，还需要科学系统的技术支持。

“中国特色畜禽遗传资源保护与利用丛书”是一套系统总结、翔实阐述我国优良畜禽遗传资源的科技著作。丛书选取一批特性突出、研究深入、开发成效明显、对促进地方经济发展意义重大的地方畜禽品种和自主培育品种，以每个品种作为独立分册，系统全面地介绍了品种的历史渊源、特征特性、保种选育、营养需要、饲养管理、疫病防治、利用开发、品牌建设等内容，有些品种还附录了相关标准与技术规范、产业化开发模式等资料。丛书可为大专院校、科研单位和畜牧从业者提供有益学习和参考，对于进一步加强畜禽遗传资源保护，促进资源可持续利用，加快现代畜禽种业建设，助力特色畜牧业发展等都具有重要价值。

中国科学院院士
中国农业大学教授

2019年12月

前言

牦牛是青藏高原及其毗邻地区特有的宝贵遗传资源，是唯一能良好适应青藏高原特殊的生态环境、可充分利用高寒草原牧草资源生产的牛种，同藏族人民的生产、生活、文化、宗教等有着密切的关系，数十亿亩的高山天然草场牧草资源只能依靠牦牛、藏羊来转化为畜产品。因此，牦牛在分布地区具有不可替代的生态-经济学地位。

甘南牦牛是我国牦牛品种中的一个优良地方遗传资源，长期的自然选择形成了基本一致的外貌特征和相似的生产性能，目前已被列入《甘肃省家畜品种志》和《中国畜禽遗传资源志·牛志》，2014 年农业部发布的第 2016 号公告将其列入《国家级畜禽遗传资源保护名录》。

甘南牦牛是甘肃省甘南藏族自治州藏族群众不可缺少的生产生活资料，也是甘南大草原的当家畜种。由于受青藏高原严酷的自然、生态环境，社会、历史条件等的局限，人们对甘南牦牛遗传资源开发及利用有限，现代畜牧业先进技术应用能力匮乏，致使甘南牦牛养殖科技水平相对滞后，产业化程度较低。但是近年来，随着畜牧业生产结构的调整和国家对牧区科技投入的增加，甘南牦牛生产性能和商品率有了极大的提高，加之牦牛终年放牧于天然牧场，所产牛肉是纯天然、无污染的绿色产品，因此给牦牛产业带来极大的发展机遇。

该书内容涵盖甘南牦牛品种起源与形成过程、品种特性及性能、品种保护、品种繁殖、饲料、饲养管理与营养、保健与疫病预防、疾病的防治、养牛场建设与环境控制及品牌建设等十部分。内容丰富、题材新颖、通俗易懂，便于普及与推广，可对广大技术人员、农牧民掌握甘南牦牛生产、提高甘南牦牛养殖技术水平提供参考和借鉴。

本书在编写过程中，得到了“甘肃省草食畜产业技术体系”“中国农业科学院科技创新工程”项目的资助，在此表示衷心的感谢。

由于经验不足，资料收集不全，本书在撰写过程中难免有所疏漏及不妥之处，敬请读者批评指正！

编　者

2019年12月

目录

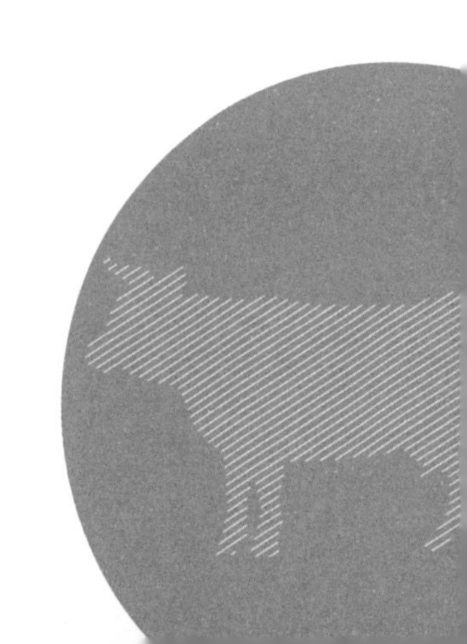

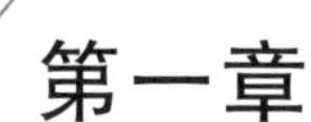

第一章
甘南牦牛品种起源与形成过程

第一节　甘南牦牛产区自然生态条件

一、地理位置

甘南牦牛产于甘肃省甘南藏族自治州（简称“甘南州”）7县1市，该州位于甘肃省西南部，地处青藏高原、黄土高原和陇南山地的过渡地带。地理位置在北纬33°06′30″—35°34′00″、东经100°45′45″—104°45′30″。东与甘肃省定西市、陇南市毗邻，南与四川省阿坝藏族羌族自治州接壤，西与青海省黄南藏族自治州和果洛藏族自治州接壤，北接甘肃省临夏回族自治州，是黄河、长江的分水岭地区。土地总面积4.5万km^2，占甘肃省总面积的10%。州府所在地合作市距甘肃省省会兰州市275 km。

二、自然条件

1. 地形地貌　甘南州地势西北高、东南低，地形复杂。海拔最高点达4 920 m，为迭山主峰扎依克；最低点只有1 172 m，为舟曲县瓜子沟，平均海拔在3 000 m左右。全州分以下3个自然地貌类型：

（1）山原区　西部和北部为青藏高原边缘山原区，海拔3 000 m以上。草原广阔，是主要的草原畜牧业生产区，包括玛曲全县、合作市、碌曲县大部分和夏河县的部分地区。

（2）高山峡谷区　南部为岷迭高山峡谷区，海拔1 000～2 000 m。气候温和，高山多森林植被，是畜牧林业生产区，包括迭部和舟曲全县。

（3）山地丘陵区　东部为山地丘陵区，海拔3 000 m左右。地势较平，土质优良，多为天然草地和耕地。既可供不同季节放牧，又可从事农耕，是牧农林兼营区。包括临潭全县、卓尼全县、合作市、碌曲县及夏河县的部分地区。

2. 水文条件　甘南州是长江、黄河两大流域的上游地区，境内有黄河、大夏河等 120 多条分支河流。水系组成以黄河为主，洮河、大夏河是黄河的一级支流，白龙江是长江上游的第二大支流。

3. 气候条件　甘南州气候属典型的高原大陆性季风气候，光照充足，但利用率低；热量不足（太阳年总辐射量为 433.39～5 486.70 MJ/m^2），垂直差异大；高寒、阴湿，降水较多，雨热同步性好。全州除舟曲、迭部县部分地区没有严寒期外，其余地方长冬无夏。日照时间东南短、西北长，年日照时数较少（1 800～2 600 h），适合灌木和草本植物生长。全州各地年平均气温自东南向西北随海拔升高而降低，一般为 1～13℃。全州月平均气温大于 10℃ 的时间：舟曲县为 225 d，卓尼县为 112 d，玛曲县为 23 d。大于等于 10℃的积温：舟曲县为 4 074℃，卓尼县为 1 465℃，玛曲县为 259℃。湿度为 58%～66%，无霜期有 30～200 d，部分地区无绝对无霜期。降水量由南向北逐渐减少，西北部和东北部一般为 400～800 mm，东南部一般为 500～700 mm，全州年平均降水量为 550～800 mm。5—9 月是降水集中期，约占全年降水总量的 84.00%。由于海拔高、湿度大、地形复杂，因此频繁出现大冰雹、暴风雪、连阴雪、连阴雨、强降温等自然灾害性天气，且西部多而严重，东南部河谷地带较少发生。降雪期与低温期一致，长达 8～10 个月，全年降雪日数平均在 40 d 以上，冬季较多发生连续降雪日，积雪深度大时易发生雪阻，影响放牧。

三、自然资源

1. 土地资源　甘南州土地总面积 4.5 万 km^2，其中草场面积 2.72 万 km^2，占州域总面积的 70.3%，实际可利用面积 2.57 万 km^2。0.4 km^2 以上集中连片的天然草场面积 2.51 万 km^2，占天然草场总面积的 92.0%。76%的可利用草场分布在西部和北部的玛曲、碌曲、夏河三县及合作市；东南部草场面积小，一般与农田、森林相间，片小而分散。

甘南州天然草场有 7 个草地类型，即高山草甸草地、亚高山草甸草地、亚高山灌丛草甸草地、林间草甸草地、盐生草甸草地、沼泽草甸草地和山地草原草地；其中，亚高山草甸草地是甘南州天然草场的主体，其面积占天然草场总面积的53%。甘南州天然草地牧草茂密，全州除少数地方峰岩裸露外，其余植被覆盖率高达85%以上。但大多数草场地处高寒地区，冷季漫长，草地生态系统比较脆弱，易受自然灾害和人为因素的影响。

甘南州林业用地有0.92万km^2，占土地总面积的22.8%；森林面积有0.733万km^2，主要分布在白龙江、洮河、大夏河流域。林地海拔高差变化较大，地形错综复杂。州内林区均在白龙江和洮河上游，对防止水土流失，保护长江、黄河水质和水源涵养有极其重要的作用。

甘南州耕地面积有6.88亿m^2，占土地总面积的1.78%；其中，山地5.81亿m^2，川地1.048亿m^2，分别占耕地面积的84.7%和15.3%。气候温暖，土壤肥沃，有一定灌溉基础，宜种植一年两熟或两年三熟的作物。

2. 水资源　甘南州水资源丰富，资源总量为254.1亿m^3；其中，自产水量为101.1亿m^3，过境水为153亿m^3，均为矿化度小于2 g/L的淡水资源，约为全省自产水总量的1/3。水质好，自净能力强，人均水量和耕地亩均水量均高于全省平均水平。境内各条河流流经高山峡谷区，河流落差大，水能资源丰富，理论蕴藏量361.27万kW，占全省水能蕴藏量的20%。

3. 植物资源　甘南州拥有丰富的牧草资源，组成天然草地植被的植物有94科、369属、947种；其中，可食用植物890种，占总种数的93.98%；适口性好的植物258种，占可食用植物总数的28.9%；可供驯化栽培的植物34种，占优良牧草的13.2%；有毒有害植物8科、68种，占总种数的7.1%。牧草以禾本科、莎草科为主，产草量高、适口性好，是全州天然草场的基础群落。禾本科主要有披碱草属（*Elymus*）、羊茅属（*Festuca*）、短柄草属（*Brachypodium*）、翦股颖属（*Agrostis*）、早熟禾属（*Poa*）等；莎草科主要有薹草属（*Carex*）和嵩草属（*Kobresia*）等；其中，禾本科的垂穗披碱草、中华羊茅、老芒麦和早熟禾是最适合在甘南地区生长且产草量高的主体牧草。甘南州天然草场草丛平均高度35 cm，总储草量120亿kg。牧草生长期短，一般从4月下旬开始萌发，9月中旬开始枯黄，枯草期长达7个月。草原上生长的牧草具有粗蛋白、粗脂肪、无氮浸出物高及纤维素低的特点，且热值含量高，耐家畜啃食和践踏。甘南州种植的人工牧草主要有燕麦、箭筈豌豆和紫花苜蓿。天然牧草以禾本科、莎草科为主，兼有少量豆科牧草，主要有披碱草属、鹅观草属、短柄草属、翦股颖属、风毛菊属、蓼属、委陵菜属，以及野豌豆、野苜蓿、小黧豆等。

全州种植的农作物有青稞、小麦、玉米、马铃薯、蚕豆、豌豆、油菜，以及藏药、中药材、蔬菜、水果等。全州有林地39.29亿m^2，木材蓄积量为8 885.73万m^3，林木年生长量为137.7万m^3，主要建群树种有冷杉、云杉、桦树、油松、柏树、杨类及栎类等，主要树种为冷杉和云杉。全州野生植物包括药用植物、淀粉类植物（蕨麻）、油料类植物（华山松、铁杉、中国粗榧）、芳香植物、菌类等高等植物，共133科、610余属、1 700余种。特别是中药材、藏药材资源丰富，共有药材植物643种，其中产量较大、商品开发价值较高的有近200种。

4. 动物资源　甘南州的畜禽品种主要有甘南牦牛、藏羊（欧拉型、甘加型、乔科型）、合作猪、河曲马、河曲藏獒等，以甘南牦牛、藏羊、合作猪为主。除家养畜种外，州内野生动物资源繁多，有鸟类154种、哺乳动物77种。其中，被国家列为一级保护的有大熊猫、金钱豹、羚羊、鬣羚、白肩雕、黑颈鹤、黑鹤等，共14种。

第二节　甘南牦牛产区社会经济变迁

自古以来，甘南藏族自治州就是多民族繁衍生息的地方。西汉之后，汉族开始迁入甘南；唐代之后西藏吐蕃族军人、部族东进州域；元、明朝以后，逐渐有回族迁入。在历史发展的长河中，各民族和睦相处，共同开拓、创造了甘南州的历史文明，推动着甘南州社会的进步，并逐步建立了共同发展、共同繁荣的关系。

甘南州辖玛曲县、碌曲县、夏河县、临潭县、卓尼县、舟曲县、迭部县、合作市7县1市，畜牧业是甘南州的主导产业，畜牧业产值占农业总产值的62%，农牧民收入的主要来源是畜牧业。2015年年末，全州各类牲畜存栏376.4万头（只），农牧业增加值达27.13亿元；奶类产量9.02万t，粮食总产9.07万t，油料总产2.05万t，藏中药材总产4.17万t。

自2009年开始，在州委州政府的领导下，甘南州实施了“农牧互补一特四化”的发展战略。经过154个行政村的试点，全州现有牦牛繁育、育肥、奶牛专业户19 304户、联户牧场235个、养殖小区26个，占试点村农牧户总数的70%以上，占牦牛产业带农牧户总数的38.9%。同时，牧区牦牛繁育试点村大幅度提高适龄母牛比例、种公牛定期配送交换、大力推行牦牛 30 月龄出栏、当年产牦犊牛不挤奶、冬春季圈养补饲等先进经营管理技术，对整个牦牛产业带的技术进步、遏制牦牛品种退化、提高出栏率产生了有力的示范带动作用。但是，甘南牦牛产品的产业化经营水平较低，产品加工处于初级状态，产业链条短，全州 25 家与牦牛产品有关的加工企业主要集中在肉品的初级加工和乳品加工上，毛、绒、骨、血、内脏等牦牛产品加工处于空白。畜产品加工企业数量少、规模小，辐射带动能力弱，牦牛出栏的季节性不平衡，这都使得全州牦牛产品加工企业的效益较低，难以吸引加工企业增加投资以提升加工能力和水平。

2015 年全州牦牛肉、藏羊肉产量共计 3.33 万 t，各种肉类加工企业加工的牦牛肉、藏羊肉产品数量少，绝大多数以活畜形式流向州外。全州牦牛奶总产量 9.02 万 t，其中州内乳制品加工企业能够加工的牦牛乳制品有 5 231t，为全州总产量的 5.80%，其他原乳均经过粗加工以酸奶、酥油、曲拉等初级产品形态进入当地市场。近年来，各县市均在大力发展活畜及畜产品交易市场。2015 年通过市场交易的牦牛达到 17 万头，毛、绒、皮、骨、血、头、蹄、内脏等大部分以原料形态流向州外。

甘南牦牛虽有优良的品质与特色优势，但所加工的均为初级产品，并且品种单一，无质量保证体系，缺乏有效的宣传和营销。因此，牦牛产品的消费仅局限在州内及周边邻近地区，在全国巨大的消费市场上尚未涉足，优良的畜种资源未能发挥优良的效益。

第三节　甘南牦牛品种形成历史过程

一、品种来源

牦牛是一个古老而原始的牛种，是我国的特种家畜之一。世界牦牛起源于中国。有关牦牛起源的资料非常少，因此难以作出较准确的结论。根据考古发现和一些学者的研究，普通牛种的祖先野原牛，与牦牛种的祖先野牦牛具有共同起源。大约在上新世后半期，脱离开来自亚洲的共同祖先，分支进化和发展到更新世（距今 200 万年前）开始见到牦牛的祖先——野牦牛。

关于牦牛的起源，现在公认的观点是现存的野牦牛和家养牦牛都是由一种所谓的“原始牦牛”进化而来。更新世地层中出土的化石证据表明，250 万年以前的第四纪晚期在欧亚大陆东北部广泛分布着这种“原始牦牛”。虽然这些来自青藏高原的原始牦牛早已灭绝，但却为科学工作者提供了研究牦牛起源的宝贵材料。在国内外的一些有关牦牛的论著中，一般认为家牦牛是由野牦牛驯养而来，或野牦牛是家牦牛的近祖。

据《中国农业科技史年表》记载：“公元前5195年，牛、羊已经被人工饲养（黄河、长江流域），高原地带大致相同。”可见藏族先民在距今7 000年前就开始驯养牦牛。又有资料表明，在公元前4世纪前后，青藏高原等地带已有“高原牧人”生活，他们驯养着成群的牦牛。据此可以认为，到公元前4世纪前后，牦牛不但已经被驯养，而且是成群地存在于青藏高原，真正成为高原的特殊畜种之一。

甘南藏族自治州是牦牛的原产区。该区繁育的牦牛同青藏高原上的牦牛具有共同的来源。陆仲璘（1990）引用苏联学者考莱斯尼“动物地区差异的标志不是动物的绝对大小，而是动物的体型”的原理，对中国25个地区牦牛群体的体尺、生产性能、毛色、角的有无等进行综合归纳后按产地生态条件将牦牛分为三大类型，即西南高山峡谷型、青藏高原型和祁连山型。甘南牦牛是经过长期自然选择而形成的，能适应当地高寒牧区开阔的高山、亚高山草甸和灌丛草甸草原生态环境的地方牦牛品种资源，其形成历史悠久，血统来源基本相同，属青藏高原型牦牛的一个类群。

二、产区及分布

甘南牦牛在甘南全州7县1市均有分布，主要分布在甘南藏族自治州的玛曲、碌曲、夏河3县的纯牧业乡（村），以及合作市、卓尼县、临潭县、迭部县的部分纯牧业乡（村），是当地牧民重要的生产资料、生活资料和经济来源。甘南牦牛中心产区位于甘南藏族自治州的玛曲、碌曲、夏河3个县。

2018年年末全州牦牛存栏107.43万头，年出栏牦牛31.28万头（年总增率27.54%、出栏率35.6%、商品率32.6%）。其中，夏河县9.57万头，合作市6.8万头，碌曲县24.02万头，玛曲县49.17万头，卓尼县9.15万头，迭部县7.99万头，临潭县0.39万头，舟曲县0.34万头。现有牦牛种畜场4个，即玛曲县阿孜畜牧科技示范园区、碌曲县李恰如种畜场、卓尼县大峪种畜场和卓尼县柏林种畜场。

三、变化情况

1. 数量规模变化　据《甘南藏族自治州畜牧志》和《甘南统计年鉴》（1990—2007）的统计数字可以看出（表1-1），1980—1985年牦牛数量增长很快。主要原因是从1984年起甘南州实行“牲畜归户、私有私养、自主经营、长期不变”的经营方针，进而把草场按牧户、联户推行承包，使牧民真正有了自己的牲畜和草场等生产资料，激发了牧民的生产积极性，从而使甘南牦牛的饲养数量从1980年的57.23万头剧增到1985年的72.23万头。牦牛数量的剧增，致使草场超载过牧，草畜矛盾日益突出，牦牛生产性能呈下滑趋势，牧民的养殖意识由原来的盲目追求牲畜数量转变到提高单畜产值上，因此牦牛数量从1985年后增长速度缓慢，10年间基本稳定在70多万头。随着国家草原补偿政策的实施和国家在藏区投入的增加，从1995年开始，甘南牦牛产业发展速度加快。至2016年，甘南牦牛数量增加到了91.15万头，年出栏牦牛达到31.28万头。

表1-1　甘南牦牛数量变化统计（万头）

年份	1980	1985	1990	1995	2005	2007	2016
存栏数（头）	57.23	72.23	72.06	75.47	87.00	80.20	91.15

2. 性能变化　据郭淑珍（2005）报道，1985—2005年，草场退化、超载和粗放的生产经营模式及不注意公牛选育、近亲繁育，使得牦牛生产性能开始下降。甘南牦牛初生重由20世纪80年代前的14.4kg降低到1994年的12.9kg；成年牦牛体重由80年代前的258kg降低到235kg；年产奶量由80年代前的250kg降到目前的200kg。

四、资源鉴定

根据《关于印发〈畜禽新品种配套系审定和畜禽遗传资源鉴定技术规程〉（试行）的通知》，按照农业部《畜禽新品种配套系审定和畜禽遗传资源鉴定办法》的要求，甘南藏族自治州畜牧工作站与中国农业科学院兰州畜牧与兽药研究所合作，共同完成了甘南牦牛遗传资源的申报工作。

国家畜禽遗传资源委员会牛马驼专业委员会于2009年10月20～22日在甘肃省甘南藏族自治州对“甘南牦牛”遗传资源进行了鉴定。2009年11月

5 日国家畜禽遗传资源委员会召开资源审定会议，通过了甘南牦牛遗传资源。2010 年 1 月 15 日农业部发布第 1325 号公告，将甘南牦牛列入《国家畜禽遗传资源目录》。

第二章
甘南牦牛品种特征和性能

第一节　甘南牦牛体型外貌

一、外貌特征

甘南牦牛毛色以黑色为主，着生细而有弹性的绒毛。头顶、额部、鬐甲、腹下、腹侧、前肢的肩关节至肘关节，后肢的膝关节至飞节、臀端均着生粗而富有弹性和光泽的长毛。体质结实，结构紧凑。头较大，额短而宽并稍显突起。鼻孔开张，鼻镜小，唇薄灵活，眼圆、突出有神，耳小、灵活。甘南牦牛母牛多数有角；甘南牦牛公牛角粗长，角距较宽，角基部先向外伸，然后向后内弯曲呈弧形，角尖向后或对称。颈短而薄，无垂皮。脊椎的棘突较高，背低稍凹，前躯发育良好。尻斜，腹大，四肢较短，关节明显，粗壮有力，后肢多呈刀状，两飞节靠近。蹄小坚实，蹄裂紧靠。甘南牦牛母牛乳房小，乳头短，乳静脉不发达。甘南牦牛公牛睾丸突圆，小而不下垂。尾较短，尾毛长而蓬松，形如帚状。

二、体尺和体重

甘南牦牛在不同地区体尺、体重虽有差异，但却近似。2007 年 10 月甘南藏族自治州畜牧科学研究所在玛曲阿万仓乡测定了不同年龄甘南牦牛的体尺和体重，具体见表 2－1。

表 2－1　甘南牦牛不同年龄体尺和体重

年龄	性别	数量（头）	体高（cm）	体斜长（cm）	胸围（cm）	管围（cm）	体重（kg）
初生	♂	90	56.62±3.50	47.57±3.58	59.34±4.64	8.80±1.28	13.35±1.86
	♀	90	54.84±4.43	46.86±3.96	58.49±4.94	8.53±1.42	12.87±2.25

（续）

年龄	性别	数量（头）	体高（cm）	体斜长（cm）	胸围（cm）	管围（cm）	体重（kg）
6月龄	♂	50	79.20±5.37	70.80±6.50	98.30±5.30	12.26±0.89	78.06±3.51
	♀	50	80.30±5.02	72.86±4.57	100.60±5.83	12.14±0.70	72.00±4.32
18月龄	♂	53	93.93±5.61	93.39±5.23	128.41±7.93	14.85±1.25	121.67±8.16
	♀	53	92.76±5.18	89.98±5.30	126.60±6.83	13.72±1.19	117.60±7.03
成年	♂	28	126.58±6.37	138.60±7.32	186.51±9.29	20.00±2.39	370.11±23.82
	♀	28	105.28±4.88	115.86±6.55	154.67±7.97	15.12±2.07	210.45±18.34

第二节　甘南牦牛生物学特性

甘南牦牛生活在高海拔地区，为了能适应高寒低氧的特殊环境，在长期的进化中形成了独特的生物学特性。

一、行为学

1. 群体争斗行为　牦牛喜群居，且它们会通过争斗来确定各自在群体中的地位。在牦牛群中，优胜关系普遍而明显。优胜者在群体中占统治地位，享有配种、采食等方面的优先权。当有外牦牛进入群体时，原群体牦牛对异己具有排斥性，需通过争斗重新确立优胜等级次序。在放牧时，优胜个体在牛群中居“领头”地位，放牧者可通过控制“领头”牦牛来控制整个牦牛群的采食及游走行为。

2. 性行为　在交配季节初期，公牦牛性活动出现时间略早于母牦牛。公牦牛对发情母牦牛分泌的外激素非常敏感，会通过嗅觉（闻母牦牛外阴、后躯或尿液）和视觉来鉴别母牦牛的发情情况，表现出追随、舔舐、嗅闻、露龈、伸颈、翘鼻等一系列求偶行为。母牦牛发情症状不明显或发情前期性欲不高时不愿接受公牦牛爬跨，发情旺期会接受公牦牛爬跨。发情时，母牦牛外阴部肿胀，从阴门流出稠而透明的黏液，愿意接受任何牦牛嗅闻、舔舐其外阴部，且有频繁排尿动作；发情后期，母牦牛表现逐渐安静，外阴消肿，分泌的黏液量少，且透明度降低，并拒绝公牦牛爬跨。

3. 母性行为　母牦牛临近分娩时，一般会离开牛群到稍远的僻静地方分娩，并表现为卧立不安，不断回视腹部，对接近的任何人都怀有敌意。分娩时多为侧卧，持续时间较短。牦犊牛出生后，母牦牛会不断地舔舐其体表的羊水。哺乳时，牦犊牛寻找到母牦牛乳头后，用唇攫住乳头，诱发吸吮反射。吮奶时，牦犊牛用嘴唇含住母牦牛的乳头，用舌头挤压乳头使乳排出。在吮奶过程中，牦犊牛不断用头、嘴顶撞母牦牛的乳房而进行按摩。母牦牛对牦犊牛有依恋性，具有强烈的保护和占有观念，拒绝其他牦牛或人接近牦犊牛。当有人接近牦犊牛时，往往会遭到母牦牛的攻击。母牦牛在采食过程中经常查看牦犊牛是否在自己身旁，一旦发现牦犊牛掉队或走失，会四处寻找并发出叫声。但对于非亲生犊牛，母牦牛则对其具有排斥性。

4. 采食行为　牦牛具有与其他牛种不同的采食器官和采食行为，既可用舌卷草，又可用唇啃食，这与牧草状况密切相关。牦牛最喜食禾本科牧草，其次是莎草科牧草。成年牦牛每天放牧采食的时间冷季长于暖季。暖季牦牛在清晨和日落之前采食时间长，正午采食时间短。冷、暖季成年牦牛每头每天采食鲜草量分别为 13.448 kg 和 27.806 kg，冷、暖季牦牛放牧行走速度分别为 17.70 m/min 和 10.73 m/min。因此可知，在冷季，牧草稀疏难以满足牦牛的需要时，牦牛的采食速度和总采食量都比暖季时的少。通过延长放牧采食时间和加快采食行进速度来缩小这一差距，是牦牛对饥饿的一种生理调节，是其对冷季这一严酷生态环境的适应性的表现。

5. 饮水行为　牦牛每天饮水次数随草场水源情况而定。在暖季放牧过程中，草场水源丰富，牦牛饮水次数多，但每次饮水量不大；冷季河流冻结，牦牛可破冰饮水，饮水次数少，但每次饮水量增加。牦牛耐渴能力强，6～7 d 不饮水仍能生存。

6. 反刍行为　牦牛终年放牧，在暖季牧草丰盛季节，每天有 4 个反刍周期。其时间分布大体是：早上出牧后 2 h 进行第一期反刍；中午气温高，牦牛停止采食，进行第二期反刍；下午收牧前的 1～2 h，进行第三期反刍；入夜进行第四期反刍。在放牧过程中，牦牛一般站立反刍，如有牦犊牛需要哺喂，则喂奶、反刍同时进行。在夜间补饲或使役的情况下，牦牛的反刍周期发生变化。在发情期、分娩前后，反刍减弱；而当牧草中粗纤维含量多、水分少时，反刍时间明显增加。

7. 其他行为　牦牛对外界环境的警觉性高。在夏季，牦牛常受昆虫特别是牛皮蝇的袭击，此时可诱发牦牛护理行为，牦牛表现出摆尾、抖动等行为。牦牛好动，精力旺盛，竞争性强，具嗜盐习性，爱清洁，不食受粪便污染的草料。

二、生态生理特性

甘南牦牛为了适应高寒地区恶劣的气候条件，形成了与其他牛种不同的独特的生态生理特性。

1. 耐低氧的生态生理特性　甘南牦牛生长在海拔 2 800 m 以上地区，在严重缺氧的环境下，尚能生长发育；能够发情、排卵、繁殖后代不仅如此，还能提供耕地、驮载、骑乘等役力。在漫长的进化过程中，甘南牦牛在躯体结构上发生了一系列变化，主要表现在气管、胸腔的结构，以及呼吸、脉搏、血液红细胞和血红蛋白等指标上。甘南牦牛的气管短而粗大。这种结构使其能适应频速呼吸，在高原少氧环境下较普通牛单位时间增加了气体交换量，以获得更多的氧。牦牛胸腔比普通牛的大，心脏发达，血液循环速度快，能满足机体在寒冷条件下对热量的需要。牦牛肺活量大，呼吸频率的增加相应地增加了氧气含量，能满足机体对氧气的需要。牦牛血液中红细胞含量高，平均每毫升含量为 $(6.6\sim8.0)\times10^6$ 个红细胞，血红蛋白含量高达 9.92～11.38 g/dL，可以使血液中结合较多的氧，增加血液中氧的容量，加快氧的运输速度，补偿其维持生理活动和生产过程对氧的需求。牦牛呼吸频率每分钟可达 9～77 次、每分钟脉搏可达 45～79 次，均比普通牛的高。这些特点是甘南牦牛在少氧环境中形成的代偿性机能，从而使其能适应海拔高、气压低和氧气少的高寒地区。

2. 耐寒怕热的生态生理特性　青藏高原气候寒冷、潮湿，年平均气温 0℃左右，温度变化剧烈，长冬无夏。为了生存，牦牛在进化过程中形成了不发达的散热机能。牦牛的皮肤较厚，成年牦牛皮肤平均厚度为 6.2～7 mm。牦牛皮肤特点为表皮极薄，仅占全皮（未包含皮下组织）的 1.36%；真皮层较厚，占全皮的 98.64%，真皮层厚对其耐寒有极大作用。皮下组织发达，暖季容易蓄积脂肪，脂肪层是热的不良导体，能防止体热过度地散发，形成机体的贮能保温层，在冷季可免受冻害。牦牛在同寒冷气候条件相互作用的漫长过程中，保存了有利于耐寒的被毛变异。牦牛全身着生长而密的粗毛，具有良好的保温性能，进入冷季后粗毛间密生绒毛，使躯体免受风雪严寒的侵袭。另外，牦牛汗腺发育差，可减少体表的蒸发散热，降低因严寒而对热能和营养物质的消耗。牦牛怕热，遇到气温升高、天气闷热时则表现烦躁不安，停止采食，向山顶或山口转移，以求凉爽和躲避蚊蝇袭扰。

3. 采食能力强的生态生理特性　牦牛鼻镜小，嘴唇薄而灵活，口裂亦较小。舌稍短，舌端宽而钝圆有力，舌面的丝状乳头发达而角质化，牙齿齿质坚硬而耐磨，这些特性造就了牦牛对高山草原矮草的采食有良好的适应特性。牦牛既能卷食高草，也能用牙齿啃食 3～5 cm 高的矮草，冬、春季还能用舌舔食被踏碎或被风吹、鼠咬断的浮草。在饥饿情况下，牦牛可以用蹄子刨开 10～20 cm 厚的积雪，也可以用头部撞开堆积的厚雪啃食枯萎矮草。牦牛四肢粗、短、有力，蹄质坚硬，边缘锐利，行动敏捷，善于走高山险路和陡坡，穿越沼泽，也能钻入荆棘灌木丛。由于牦牛瘤胃蠕动频率较恒定，几乎不受采食与否和饥饱的影响，因而能终年放牧。

4. 晚熟和繁殖力低的生态生理特性　牦牛较其他牛种晚熟，繁殖力低。甘南牦牛公牛 4 岁左右开始配种，母牦牛 3～4 岁配种，一般三年两产。冷季长、缺草、营养不良是造成晚熟和繁殖力低的主要原因。母牦牛发情症状不明显，发情前期的母牦牛性欲不高，不愿接受爬跨，即使发情旺期的母牦牛，性反射也较平静而被动。公牦牛在配种季节进入母牦牛群自然交配。公牦牛对发情母牦牛分泌的外激素非常敏感，通过嗅觉和视觉来鉴别母牛的发情。母牦牛发情时采食不安，公牦牛则追逐母牦牛，或调情，或爬跨而影响采食，并整日跟随并多次交配。公牦牛具有很敏感的择偶性，特别是对普通牛表现很差的性欲。在牦牛发情季节，壮龄公牦牛来往于各牦牛群之间，为争夺配偶（发情母牦牛）而频繁角斗，甚至相互致伤。在非配种季节，公牦牛远离母牦牛，专找高山好草之地，日夜不归，自肥其身。

三、主要生理指标

1. 体温、呼吸和脉搏　甘南牦牛的平均体温，早晨 37.58℃（36～39.60℃），夜晚 38.53℃（36～40.80℃），母牦牛的平均体温一般低于公牦牛；每分钟呼吸次数，早晨 15.56 次（8～40 次），夜晚 17.75 次（8～42 次）；平均每分钟脉搏跳动次数，早晨 50.21 次（29～86 次），夜晚 58.87 次（32～98 次）。

牦牛的脉搏频率和呼吸频率都高于黄牛，其较快的脉搏频率和呼吸频率不仅增加体内的氧循环量，还能在环境温度较高时帮助机体散热。牦牛的脉搏频率和呼吸频率受季节和环境温度的影响，8 月牦牛的呼吸频率最高，而脉搏频率在 6 月达到最高。而 1—3 月呼吸和脉搏频率降至最低点，说明牦牛汗腺不发达，主要通过调整呼吸频率来散发体内的热量。

2. 反刍　在夏季牧草丰茂的时候，牦牛每天有 4 个反刍周期。反刍持续时间 0.8～1.9 h。每个食团再咀嚼和混以唾液的时间约 55 s，咀嚼 46～52 次。

3. 生殖生理　牦牛在非发情期和发情期体温、血红蛋白、红血细胞数等生理指标有显著的差异。母牦牛乏情期卵巢为扁平的卵形，子宫颈口黏液 pH 为 7，呈中性；而发情后卵巢有黄体，子宫颈口黏液 pH 为 9，呈碱性。

四、主要生化指标

血清酶学指标、激素含量、血清蛋白质等生理生化指标是反映和影响牦牛营养满足程度、新陈代谢状况、体内外环境平衡与否、机体健康生长发育及生产性能的综合因素。因此，开展牦牛血液生化特性研究，对于揭示牦牛的生物学特性和种质特性，给选育工作提供科学的理论依据具有非常重要的意义。

甘南牦牛血清谷丙转氨酶（glutamic－oxaloacetate transaminase，GOT）活性为（7.11±5.77）U/L，乳酸脱氢酶（lactate dehydrogenase，LD）活性为（12 953±656.78）U/L，淀粉酶（amylase，AMS）活性为（95.10±1.87）U/100 mL，血清总蛋白含量为（7.61±0.35）g/100 mL，血清白蛋白含量为（4.22±0.63）g/100 mL，血清乳酸含量为（8.43±2.33）mmol/L（个体差异较大），血清肌酐含量为（273.26±65.81）μmol/L（个体差异较大），血清游离脂肪酸含量为（1 678.57±622.87）μmol/L（个体差异较大），血清总胆固醇含量为（2.84±0.62）mmol/L（表 2－2）。

李鹏等（2007）研究认为，甘南牦牛血清乳酸脱氢酶（lactate dehydrogenase，LDH）活性和 LD 含量较高的原因主要是其生长在高海拔、氧气稀薄的高寒地区，体内的代谢系统也会存在一定的缺氧适应性。LDH 在无氧环境下参与机体的无氧呼吸即细胞的糖酵解，糖被分解为丙酮酸，LDH 催化丙酮酸生成 LD，并释放出能量供给机体利用，使牦牛适应缺氧的环境，因此甘南牦牛的 LDH 活性和 LD 含量要高于氧气充足地区的牛种。而谷草转氨酶、碱性磷酸酶、淀粉酶等活性高低，与甘南牦牛的生长速度和产肉能力有一定关系。这也从一定程度上解释了甘南牦牛较慢的生长速度和稍低的产肉能力的原因，也可根据这些指标来作为优良牦牛的选育指标。

牦牛生长在寒冷、氧气稀薄的高原环境，而要维持其自身的生存需要和热能，所需要的能量就要高于环境条件温和的动物。这些能量的需要促进了脂肪组织脂肪酸的动用，使得脂肪分解产生更多的能量来满足自身的需要，致使血清中游离脂肪酸含量较高。

表 2-2　甘南牦牛血清生化指标的测定（n=10）

血清生化指标	测定值
谷草转氨酶（U/L）	14.99±2.94
谷丙转氨酶（U/L）	7.11±5.77
碱性磷酸酶（U/100 mL）	14.10±5.86
酸性磷酸酶（U/100 mL）	7.39±4.15
乳酸脱氢酶（U/L）	12 953±656.78
肌酸激酶（U/mL）	20.38±7.37
淀粉酶（U/100 mL）	95.10±1.87
血清总蛋白（g/100 mL）	7.61±0.35
白蛋白含量（g/100 mL）	4.22±0.63
乳酸（mmol/L）	8.43±2.33
肌酐（μmol/L）	273.26±65.81
总胆固醇（mmol/L）	2.84±0.62
游离脂肪酸（μmol/L）	1 678.57±622.87
胰岛素（μIU/mL）	11.87±3.46
生长素（ng/mL）	1.19±0.32
三碘甲状腺素（μIU/mL）	4.24±1.36
四碘甲状腺素（μIU/mL）	144.45±29.18

第三节　甘南牦牛生产性能

一、生长性能

甘南牦牛生长性能良好。周立业等（2009）研究了不同饲养方式对甘南牦犊牛生长性能的影响。该研究选取刚出生的 45 头甘南牦犊牛，按试验要求随机分为 3 组，每组设 3 个重复，每个重复 5 头犊牛，分别采用 6 月龄断奶补饲（试验Ⅰ组）、全哺乳（试验Ⅱ组）和半哺乳（对照组，即传统饲养方式）3 种饲养方式（均采用自由放牧），饲养时间为 18 个月，观察不同饲养方式下牦犊牛体重体尺变化（表 2-3 和表 2-4）。

表 2-3　不同饲养方式下甘南牦牛犊牛体重变化

组　别	初　生	6月龄	7月龄	10月龄	12月龄	14月龄	16月龄	18月龄
试验Ⅰ组	13.25±1.25	76.94±1.29	109.78±1.25	126.32±1.17	133.52±1.11	140.08±1.12	142.54±1.15	144.60±2.07
试验Ⅱ组	12.45±1.32	77.08±1.31	109.58±1.20	112.00±1.11	105.80±2.06	105.82±2.10	107.36±1.11	112.34±1.10
对照组	12.81±1.85	48.08±4.33	56.22±3.36	74.93±6.37	72.28±5.22	71.56±4.29	77.45±6.12	88.13±5.21

表 2-4　不同饲养方式下甘南牦牛犊牛体尺变化

项　目	组　别	初　生	6月龄	8月龄	10月龄	12月龄	14月龄	16月龄	18月龄
体斜长	试验Ⅰ组	48.16±1.15	91.12±1.09	95.30±1.13	97.28±2.09	99.94±2.05	103.50±1.07	105.38±1.13	111.60±1.13
	试验Ⅱ组	48.11±1.16	93.73±2.08	95.98±1.14	96.60±1.10	98.90±2.09	101.98±2.07	103.22±2.13	109.50±2.18
	对照组	46.67±3.37	78.16±4.71	81.25±4.56	86.37±3.78	88.16±3.33	95.94±4.21	100.33±3.76	102.33±4.16
体高	试验Ⅰ组	51.22±2.12	88.62±2.13	95.20±1.14	99.34±2.10	100.62±3.07	102.06±2.08	103.86±3.19	106.34±2.10
	试验Ⅱ组	50.78±1.12	94.08±2.12	95.04±1.72	96.26±2.39	97.86±2.28	98.78±2.33	101.76±3.14	104.08±2.14
	对照组	49.66±3.32	80.92±3.71	84.27±3.25	88.74±2.19	90.38±2.26	92.87±2.86	94.62±3.24	96.44±3.22
胸围	试验Ⅰ组	52.89±1.05	114.30±1.10	121.30±2.10	131.48±1.19	133.52±1.11	128.04±2.09	129.06±2.05	136.32±2.16
	试验Ⅱ组	50.78±2.05	116.62±2.12	124.56±1.14	127.74±1.13	128.46±2.05	122.88±2.06	129.06±2.05	131.18±2.10
	对照组	49.22±3.11	99.45±3.18	107.33±4.25	110.77±5.12	114.63±3.88	118.31±4.89	121.47±5.5	127.53±6.14
管围	试验Ⅰ组	7.83±0.18	14.48±0.12	14.62±0.23	14.66±0.25	14.80±0.34	14.90±0.15	15.06±0.27	15.44±0.19
	试验Ⅱ组	7.67±0.27	13.70±0.33	14.66±0.36	14.46±0.22	14.52±0.24	14.60±0.32	14.80±0.17	15.26±0.18
	对照组	7.63±0.35	11.22±0.13	11.88±0.22	11.97±0.14	12.23±0.16	12.42±0.15	12.62±0.13	13.32±0.11

从表 2 - 3 体重变化可以看出，早期断奶补饲会明显增加牦犊牛的体重。在 18 月龄时，3 组犊牛体重差异极显著（$P<0.01$）。

从表 2 - 4 体尺的变化来看，3 组牦犊牛初生时体尺各项指标之间无显著差异（$P>0.05$）；从初生到 18 月龄，3 组牦犊牛在体斜长、体高、胸围变化上差异显著（$P<0.05$）；在管围变化上，两试验组之间差异不显著（$P>0.05$），试验组与对照组之间差异显著（$P<0.05$）。

据张容昶（1989）报道，在一年的生长中，牦牛体重的增长速度在暖季最快，暖季末活重达到一年中的高峰，相反冷季末活重则降到一年中的最低峰。周立业等（2009）的研究中，两试验组牦牛 6 月龄体重均低于孔令录（1981）报道的青海大通种牛场全哺乳的 6 月龄犊牛活重。这种差异可能与不同地区生态环境、草场条件和饲养管理条件等有关，也在某种程度上说明当地母牦牛营养状况欠佳；而从后期长势看，对照组的牦牛长势远远低于试验组。两试验组牦牛在 6 月龄之前平均日增重差异不显著。从 6 月龄断奶到 9 月龄，最初试验Ⅰ组牦牛生长发育低于试验Ⅱ组。可能的原因：一是断奶时牦犊牛正处于试验前期，对饲养管理、日粮等变化还不适应，因此影响了日增重；再加上犊牛习惯于随母牛在草原上粗放饲养，习惯于运动、哺乳，并且耐粗饲，突然改变加入精饲料的喂养方式对试验牛产生了暂时应激。二是犊牛思念母牛。牦牛7—9 月龄，两试验组牦牛增长速度同时加快，每头日增重分别为 0.48 kg 和 0.41 kg，原因是试验牛已经适应了新的饲养管理。这一结果明显高于路彩琴（2002）所报道的牦牛冷季放牧加补饲育肥效果，即每头日增重 0.29 kg。从9 月龄到 13 月龄，受气候影响，试验Ⅰ组牦牛缓慢生长，到 13 月龄达到峰值；15 月龄后即翌年的 6 月以后，生长速度又加快。进入冬季，母牦牛和犊牛膘情同时下降，而试验Ⅰ组牦牛对周围环境及饲养管理已经习惯，肠、胃等脏器也逐渐适应，充分发挥了生长发育的潜能而使体重不断增加，后期日增重有所下降，但符合动物生长曲线规律。相比之下，9 月龄时试验Ⅱ组牦牛体重达到最大值，但低于试验Ⅰ组；至 12 月下旬，试验Ⅱ组牦牛体重逐渐下降，处于负增长状态。原因有：一方面是牧草枯黄；另一方面是随着季节的变化，母乳供应不足。

试验Ⅱ组牦牛在 15 月龄时，体重下降到最低。这是由于天气渐冷、草料短缺、母乳减少而畜体渐长，畜体摄取的营养又不能完全满足自身需求所致。15 月龄后，牦牛体重开始增加。从整个试验期看，对照组牦牛体重增长速度缓慢，冬季掉膘严重。从体重变化也可以看出，犊牛的育肥期不宜过短，否则

影响其优良生长性能的发挥。

体尺是判断牦牛体格大小和体躯发育状况的重要指标（张容昶，2002）。近年来国内外报道的资料主要是测定牦牛体高、体斜长、胸围和管围。周立业（2009）研究中试验牛体尺变化基本保持一致，管围的生长主要集中在 4 月龄之前，4 月龄左右达到峰值。体高和胸围在 12 月龄左右达到第一个峰值，9 月龄之前生长速度最快，之后缓慢生长。进入冬季末期，体高和胸围处于负增长状态，持续到翌年的 5 月左右才恢复快速生长状态。体斜长在 4 月龄之前增长快速，后期平稳增长。试验组犊牛各月龄的体尺指标优于常峰等（2003）在天祝县县安远镇测量的 1/4 野血牦牛的体尺指标，与曹永林（2003）在天祝县测定的 1/2 野血牦牛体尺指标相近。试验中对照组各项指标不及以上报道。从试验结果看出，牦牛体尺的生长主要集中在 12 月龄前，体斜长和管围在牦牛 4 月龄前的增长速度快，体高和胸围在牦牛 1 岁前达到第一个峰值，犊牛在 4 月龄前能否摄入充足母乳、9 月龄前营养是否满足关系个体的成型。

二、产肉性能

据甘南州畜牧科学研究所对从玛曲县购买的 4～6 岁放牧甘南牦牛进行的屠宰试验测定，甘南牦牛（阉牛）平均宰前活体重（206.50±17.84）kg，胴体重（107.50±9.43）kg，净肉重（77.42±5.68）kg，眼肌面积（39.02±4.15）cm^2，屠宰率 51.82%±1.21%，胴体产肉率 72.34%±4.83%。

阿万仓牦牛是甘南牦牛群中的一个特殊类群，其体大健壮，在产肉性能方面与甘南州其他地方的牦牛有一定差异。阿万仓牦牛屠宰性能统计见表 2-5。

表 2-5　阿万仓牦牛屠宰性能统计

牛别	年龄（岁）	活体重（kg）	胴体重（kg）	屠宰率（%）	净肉重（kg）	骨重（kg）
阉牛	4	277.00±12.11	135.48±10.13	48.91±2.14	99.35±7.21	35.95±3.17
	5	323.20±17.41	164.44±10.71	50.87±3.15	124.94±5.61	39.50±2.45
母牛	5	239.80±12.14	113.07±10.71	47.15±2.76	83.59±7.12	29.48±2.37
	6	259.70±11.30	119.80±10.19	46.13±4.27	86.59±7.97	33.21±3.14

三、繁殖性能

1. 适龄母牛比例　石红梅等（2013）对 18 774 头牦牛中适龄母牦牛

（3 岁以上母牛）比例进行了调查，3 岁以上母牦牛比例平均为 39.58%，其中除玛曲县阿孜畜牧科技示范园区和卓尼县国营大峪种畜场的母牦牛比例较高外，其他场（户）的都在 50%以下。说明甘南牦牛适龄母牛比例较低。在适龄母牦牛年龄结构比例中，3 岁、4 岁、5 岁的母牦牛所占比例都在 20%以上，6 岁和 7 岁的母牦牛比例分别为 17.75%和 11.52%。说明适龄母牦牛多为 3～6 岁的青年母牦牛，7 岁以上的母牦牛比例较低。

2. 初配年龄和利用年限　牦牛是晚熟品种，公牦牛 1 岁有性反射，平均配种年龄为 38 月龄，利用年限为 4～9 年；母牦牛一般 36 月龄初配，4.5～8.5 岁繁殖力强，利用年限为 4～13 年。石红梅等（2013）调查结果表明，甘南牦牛公、母初配年龄与上述报道一致。公牦牛利用年限为 4～5 年，母牦牛利用年限为 4～8 年。

3. 发情季节和发情周期　甘南牦牛发情旺季为 7—9 月。在海拔较低的卓尼县，牦牛的发情时间比玛曲县、碌曲县、夏河县、合作市的牦牛提前 1 个月左右。这与牦牛的繁殖季节开始时间取决于气温和海拔相吻合。甘南牦牛发情周期平均 21 d（10～24 d），发情持续期平均 20h（10～36h）。母牦牛发情时多不安静采食，泌乳量降低，发情盛期喜欢靠近公牦牛，静待交配。

4. 怀孕期和集中产犊时间　甘南牦牛的妊娠期（250～260 d）比其他牛种的少 30 d，平均为 256.8 d，初生牦犊牛体重较轻。由于牦牛繁殖具有明显的季节性，因此产犊也多集中于 4—6 月。

5. 繁殖率及犊牛成活率　根据石红梅等（2013）的调查结果，在草场和饲养管理较好的玛曲县、碌曲县、夏河县、合作市，犊牛成活率平均为 91.74%，繁殖成活率为 48.59%；卓尼县由于草场资源缺乏，犊牛成活率为 70.25%，繁殖成活率仅为 27.62%。以上结果均比 1980 年的统计结果（甘南牦牛成活率平均为 95.75%、繁殖成活率平均为 50.33%）低。

6. 母牛产犊间隔　甘南牦牛一般两年一胎或三年两胎，一胎一犊，共产犊 4～6 胎。据李恰如种畜场（1993）调查统计，连年产犊的母牦牛约占 20%。石红梅等（2013）调查结果显示，虽然除碌曲县李恰如种畜场外，其他场户在冷季对较弱的犊牛都有适当补饲，但由于人工挤奶和犊牛断奶较迟（犊牛自然断奶），因此母牛连产比例仅为 17.97%。合作市母牛连产率也仅为 7.11%；夏河县部分牧户由于实施了人工断奶，因此母牛连产率稍高于其他地区。

四、育肥性能

牟永娟等（2015）用代乳料饲喂45头甘南牦犊牛，每头犊牛的饲喂量为0.4kg/d，跟踪测定6月龄和18月龄犊牛体重、体尺数据，观察其生长发育情况。经过160d试验，6月龄公、母牦犊牛体高、体长、胸围、管围比同期对照组分别增加了10.34cm和6.76cm、5.32cm和4.94cm、12.34cm和10.00cm、0.3cm和0.2cm，体重分别增加了7.4kg和7.3kg，除管围外差异均极显著（$P<0.01$）。试验组18月龄公、母牦犊牛体高、体长、胸围和管围比对照组的分别增加了6.3cm和4.9cm、8.0cm和6.7cm、11.10cm和12.20cm、1.30cm和1.00cm，体重分别增加了15.20kg和14.70kg，差异均极显著（$P<0.01$）。试验组发情率26.70%，对照组的发情率8.90%，差异显著（$P<0.05$）。由此可见，对高原放牧条件下的甘南牦犊牛实施早期断奶，用代乳料代替牛奶饲喂犊牛切实可行。

马登录等（2012）对不同年龄段牦牛群体进行了补饲试验，当年生犊牛、2岁牦牛的补饲量每头均为0.75kg/d，3岁及成年牦牛的补饲量每头均为1kg/d，每天归牧后补饲。补饲期内每月称量试验组和对照组体重，分析体重变化情况。结果表明，在90d的试验期内，当年生犊牛、2岁牦牛、3岁牦牛和成年牦牛试验组活重增加量分别为1.40kg、3.40kg、2.60kg和4.35kg，试验组体重增加量分别比对照组的高出9.40kg、10.10kg、14.85kg和20.65kg。说明冷季适当补饲能增加各年龄段牦牛的体重，且对幼龄牦牛的增重有明显的效果。

马登录等（2014）将秋季没有达到出栏体重的73头甘南牦牛分为2个试验组，每头每天分别补饲1.5kg粉料和1kg颗粒饲料，进行60d放牧+补饲育肥试验。试验一组牦牛平均增重16.04kg，比对照组牦牛增重32.04kg（$P<0.01$）；试验二组牦牛平均增重6.84kg，比对照组牦牛增重16.59kg（$P<0.01$）。在牦牛肉市场价不变的情况下，试验一组相对增收417.1元/头，试验二组相对增收179.38元/头。通过育肥试验得出，在牦牛肉价格不变的情况下，甘南牦牛应在掉膘前（10月下旬）出栏；若推迟出栏，则需进行适当补饲。

石红梅等（2015）在枯草期对不同年龄段和不同组群的甘南牦牛开展了不同方式的补饲试验。结果是：①从12月开始，给54头3.5～5.5岁的基础母牦牛和1.5～2.5岁的阉牦牛每头平均补饲育肥牛颗粒饲料0.5kg/d，共补饲

70 d。试验组牦牛平均增重 8.46 kg，对照组牦牛体重平均减少 9.48 kg，试验组牦牛相对减少 17.94 kg。②2013 年 10 月至 2014 年 1 月，在放牧情况下每天给牦牛补饲 1.5 kg 精饲料，60 d 可增重 16.04 kg，而没补饲的对照组牦牛 60 d 体重减少 16 kg。③2014 年 2—5 月开展牦牛暖棚舍饲育肥试验，试验分两地四组，试验一组和试验二组为 1.5～2.5 岁小牛，每头每天饲喂精饲料 1 kg、粗饲料 1 kg，共育肥 60 d，设对照组；试验三组为 3.5 岁大牛，育肥 60 d，每头每天饲喂精饲料 1.5 kg、粗饲料 1.5 kg，共育肥 60 d。经育肥，试验一组牦牛增重 15.72 kg，日增重 262.04 g；试验二组牦牛增重 11.93 kg，日增重 198.81 g，对照组牦牛体重减少 4.79 kg；试验三组牦牛增重 29.50 kg，日增重 491.67 g。

五、产乳性能

甘南牦牛一般 4 月下旬开始产犊，最初因产奶量低而只够犊牛吮食。随着牧草的生长，奶量逐渐增加，到 6 月时每日可以早晚挤奶两次。牦牛的产奶量与牧草的质量呈正相关，7、8 月牧草生长茂盛，牦牛产奶量和酥油率最高；早霜后牧草枯黄，牦牛产奶量下降。甘南牦牛日产奶量切玛 0.93～2.2 kg，亚玛 0.37～1.15 kg；当年产犊后未怀孕的母牛一个泌乳期的产奶量为 315.08～334.80 kg（犊牛哺乳除外），当年产犊牛后的母牛一个泌乳期的产奶量为 150～153.63 kg。

六、产皮性能

牦牛皮的特点是毛长、绒厚、脂肪含量少，浸润后面积和厚度的变化小，有弹性，质量不如黄牛皮。此外，牦牛皮厚度不均匀，从背部至腹部厚度递减较大。背、腰部位的皮最厚，颈部及腹部的皮最薄。平均皮厚：3 月龄幼牛 2.69 mm，9～12 岁母牦牛 3.87 mm。成年牦牛鲜皮重 13.20～36.10 kg，一般占活重的 5.60%～8.80%；成年牦牛每千克鲜皮占有的面积：公、阉牦牛为 0.108 m^2，母牦牛为 0.191～0.205 m^2。

牦牛的年龄、性别、活重或营养状况，以及所处生态环境条件等对产皮性能均有影响。成年牦牛皮厚而粗糙，体表各部位皮厚，不均匀程度大。公牦牛皮较粗硬。饲养管理条件好的牦犊牛，其皮细致而有弹性。性成熟后的母牦牛的皮较公牦牛的薄而弹性大，厚度相对较均匀，但面积小。母牦牛皮往往因牦牛妊娠、泌乳期营养不良、患病等变得干硬、脆弱，腹部皮占总面积大而质地松软，影响皮的质量。

七、产毛性能

甘南牦牛一般在6月中旬前后抓绒剪毛，每年剪毛一次，毛绒产量因地域、抓绒方式或剪毛方法及个体状况而异。成年公牦牛平均产毛1.09 kg（其中绒毛0.34 kg）；驮牛只剪腹毛和裙毛，产毛1.0 kg（其中绒毛0.30 kg）；成年母牦牛平均产毛0.7～0.9 kg（其中绒毛0.21～0.27 kg）。牦牛尾每两年剪毛一次，公牦牛牛尾产毛0.50 kg，母牦牛牛尾产毛0.1～0.39 kg。甘南牦牛剪毛量和毛长统计见表2-6。

表2-6　甘南牦牛剪毛量和毛长统计

地点	性别	数量（头）	剪毛量（kg）（$\bar{x}$±S）	毛长（cm）（$\bar{x}$±S）				
				肩部	胸部	腹部	尾部	额部
卓尼县	♂	9	1.09±0.26	26.94±1.40	26.67±1.22	27.67±1.15	49.44±5.25	
	阉	19	0.67±0.17	23.31±2.49	22.30±2.28	22.85±3.13	41.73±6.73	
玛曲县	♀	26	0.59±0.20	22.32±3.09	23.03±3.20	24.00±3.06	37.42±5.71	
	阉	25	1.05	19.50	20.50	19.20	54.00	7.10

八、役用性能

阉牦牛多役用，且以驮载骑乘为主，是转移牧场的主要运输力，也可用于长途运输。成年阉牦牛每头驮50～80 kg，日行走20～30 km，昼行走，夜采食和休息，可连续驮运4～5 d。在半农半牧区、农区，阉牦牛也用于耕地、拉架子车等。

第四节　甘南牦牛肉品质特性

一、营养成分

李鹏等（2006）分析了甘南牦牛的肉质，评价了甘南牦牛肉的营养成分、食用品质、加工特性等，为甘南牦牛资源的合理开发利用，以及甘南牦牛的产业化发展提供了科学依据。

甘南牦牛肉营养价值较全面、均衡。与本地黄牛肉相比，甘南牦牛肉干物质含量高 5.94 g/100 g（$P<0.01$），脂肪含量低 0.49 g/100 g（$P<0.05$），蛋白质含量高 1.24 g/100 g（$P<0.05$），灰分含量高 0.12 g/100 g，水分含量低于 5.94 g/100 g（表 2－7）。因此，甘南牦牛肉是一种高蛋白质、低脂肪、富含矿物质的优质肉类资源。

表 2－7　甘南牦牛肉与黄牛肉营养成分含量比较（g/100 g）

组别	干物质	脂肪	蛋白质	灰分	水分
甘南牦牛肉	31.56±0.71	3.13±0.15	21.43±0.91	1.08±0.07	68.44±5.30
本地黄牛肉	25.62±0.10	3.62±0.04	20.19±0.30	0.96±0.11	74.38±4.99

注：$n=6$（公、母各 3 头）。

二、肉色与 pH

肉色是肌肉外观评定的重要内容，主要与肌红蛋白和血红蛋白含量有关。肉的色泽大多为红色，其深浅程度受许多因素的影响。虽然肉色对肉的营养价值无太大影响，但却决定着肉的食用品质和商品价值。宰后 45 min 时肌肉的 pH 是反映宰后牛肉肌糖原酵解速率的重要指标，是判断正常肉质与异常肉质的重要依据之一。屠宰后 1 h 内正常肌肉的 pH 应为 6～7，随后开始下降，至僵尸时达到 5.4～5.6，继而又升高。甘南牦牛肉的肉色呈深红色（4.50 分），在正常范围内，但比黄牛肉的肉色（3.90 分）更深一些。这主要是由于牦牛生长在高海拔、空气稀薄的地区，使得决定肉色的肌红蛋白、血红蛋白含量明显要高，从而使得肉色较深，但这并不影响牦牛牛肉的营养价值。甘南牦牛肉 pH 为 6.38，在正常范围内。

三、嫩度

肉的嫩度是肉食用品质的一个重要方面，主要取决于肌肉组织各组分及肌肉内部的生物学变化对各组分特性的改变，是消费者能否接受的一项重要品质指标。肌肉的嫩度与肌肉组织结构，如肌纤维密度、肌纤维直径、肌纤维面积有密切关系，肌纤维直径越粗，嫩度越差。剪切力值是反映肌肉嫩度的最主要指标之一，其值越低表示肌肉越嫩。嫩度与肉的成熟程度也有很大关系，成熟后肉的嫩度明显要优于成熟前。甘南牦牛肉的剪切力值为（4.85±

1.33）kg/cm^2，比黄牛（4.56±0.53）kg/cm^2 要稍大，但符合中等嫩度要求，在人们的接受范围（4.5～6.0 kg/cm^2）之内，不影响食用品质。由于牦牛生长在高寒地区，运动强度相对较大，因此其肌纤维密度小，肌纤维直径粗；再者，由于牦牛肌肉内各种蛋白质含量较高而肌肉脂肪含量相对较低，因此也影响了肌肉的嫩度。

四、系水力、失水率与熟肉率

系水力是当肌肉受到外力作用时，如加压、切碎、加热、冷冻、冻融、贮存加工等保持原有水分与添加的水分的能力。肌肉的系水力愈高，失水率愈低。肌肉的系水力影响肌肉的滋味、营养成分、多汁性、嫩度等食用品质。熟肉率是度量原料肉加工损失的一项重要指标，也是关系肉产品加工成本的一个重要因素。肉品加热熟制过程中所发生的收缩和重量减轻的程度会直接影响肉质的多汁性和口感。水分的损失与肉品的系水力有关，系水力高的肉，水分损失较少。因此，影响系水力的因素也影响肉品的加热水分损失，从而影响肉品的多汁性。脂肪和可溶性蛋白质的损失量则与可溶性蛋白质的含量，以及加热的方法、温度和时间等外部因素有关。甘南牦牛肉系水力为 57.19%±1.70%，失水率为 29.69%±4.43%，熟肉率为 69.79%±3.85%。系水力高可以赋予牦牛肉良好的感官特性，对牦牛肉具有良好的嫩度有一定的作用。牦牛肉较高的熟肉率使得它的加工性要较优于黄牛肉，加工成本相对降低。甘南牦牛肉与黄牛肉系水力、失水率和熟肉率比较见表 2-8。

表 2-8 甘南牦牛肉与黄牛肉系水力、失水率和熟肉率比较

组 别	系水力（%）	失水率（%）	熟肉率（%）
甘南牦牛肉	57.19±1.70	29.69±4.43	69.79±3.85
本地黄牛肉	53.90±1.30	31.10±1.64	63.41±0.09

注：$n=6$（公、母各 3 头）。

五、矿物质元素

甘南牦牛肉中 K、Ca、P、Mg、Mn、Cu 等矿物质含量与黄牛肉的基本相同。牦牛肉中 Fe 含量为 38.20 g/100 g，比黄牛肉高出 12.60 g/100 g，存在显著差异。这是因为牦牛生长在海拔 3 000 m 以上的高寒草地，为适应缺氧环境，体内肌红蛋白含量较高，而肌红蛋白是含铁蛋白质，因此肉中 Fe 含量较高。牦牛肉中 Zn 的含量低于黄牛，但差异不显著。总之，甘南牦牛肉与的矿物元素含量丰富，特别是 Fe 含量尤为突出。甘南牦牛肉与当地黄牛中的矿物质含量比较见表 2-9。

表 2-9 甘南牦牛肉与当地黄牛中的矿物质含量比较（mg/100 g）

组别	K	Ca	P	Fe	Zn	Mg	Mn	Cu
甘南牦牛	358.64±26.12	40.96±1.44	236.42±12.27	38.20±3.26	10.73±1.98	33.84±1.51	0.30±0.012	0.31±0.044
当地黄牛	344.35±21.26	39.87±1.20	229.68±15.00	25.60±4.22	17.28±0.67	35.6±2.32	0.21±0.02	0.25±0.056

六、氨基酸组成

牦牛肉中氨基酸含量和组成比例是评价肉营养价值的重要指标，也是影响肉品质的重要因素。甘南牦牛肉中氨基酸总量为（61.11～61.75）g/100 g，必需氨基酸（essential amino acids，EAA）含量为（26.22～26.70）g/100 g，非必需氨基酸（non-essential amino acids，NEAA）含量为（34.83～36.09）g/100 g。甘南牦牛肉中有 1 种限制性氨基酸——蛋氨酸。必需氨基酸占总氨基酸的比例为 43%，必需氨基酸与非必需氨基酸比值 13∶17，接近或超过 FAO/WHO 提出的蛋白质模式标准，甘南牦牛肉营养价值高，是优质蛋白质来源。甘南牦牛肉氨基酸含量见表 2-10。

表 2-10 甘南牦牛肉氨基酸含量

氨基酸	去势牦牛		公牦牛	
	4 岁	5 岁	4 岁	5 岁
天门冬氨酸（g/100 g）	3.96	3.98	4.08	4.09
苏氨酸*（g/100 g）	3.05	3.05	3.14	3.14
丝氨酸（g/100 g）	2.45	2.49	2.53	2.58
谷氨酸（g/100 g）	8.01	8.11	8.18	8.27
甘氨酸（g/100 g）	2.54	2.60	2.64	2.72
丙氨酸（g/100 g）	3.54	3.58	3.73	3.78

（续）

氨基酸	去势牦牛		公牦牛	
	4岁	5岁	4岁	5岁
缬氨酸* (g/100 g)	3.28	3.31	3.30	3.34
蛋氨酸* (g/100 g)	1.65	1.59	1.59	1.54
异亮氨酸* (g/100 g)	2.89	2.89	3.06	3.07
亮氨酸* (g/100 g)	5.58	5.58	5.61	5.61
酪氨酸 (g/100 g)	3.85	3.81	3.94	3.89
苯丙氨酸* (g/100 g)	3.68	3.68	3.79	3.79
赖氨酸* (g/100 g)	6.15	6.12	6.21	6.17
组氨酸 (g/100 g)	3.79	3.72	3.81	3.77
精氨酸 (g/100 g)	4.45	4.43	4.55	4.52
脯氨酸 (g/100 g)	1.21	1.22	1.30	1.31
胱氨酸 (g/100 g)	1.06	1.05	1.18	1.16
总计 (g/100g)	61.11	61.21	62.64	62.75
必需氨基酸总量 (g/100 g)	26.28	26.22	26.70	26.66
非必需氨基酸总量 (g/100 g)	34.83	34.99	35.94	36.09
EAA/TAA (%)	43.00	42.84	42.62	42.49
EAA/NEAA (%)	75.45	74.94	74.29	73.87

注：*必需氨基酸。

七、维生素含量

甘南牦牛由于长年放牧在高寒牧区，能量消耗大，体内脂肪沉积少，因此脂溶性维生素含量较低。经测定，每100 g甘南牦牛肉含维生素A（9.94±0.62）μg、维生素E（9.45±1.06）μg、硫胺素（271.54±51.22）μg、核黄素（3 009.26±113.55）μg、烟酸（7 336.45±232.52）μg、泛酸（1 047.89±374.13）μg、吡哆醇（326.69±24.88）μg。

八、脂肪酸组成及含量

肌内脂肪存在于肌外膜、肌束膜，甚至肌内膜上，营养状况好的家畜，其肌纤维膜的毛细血管上也有脂肪。肌内脂肪均匀地分布于肌肉组织，与肌肉中的膜蛋白质紧密结合在一起。甘南牦牛的肌内脂肪中，脂肪酸组成基本是以棕榈酸、硬脂酸、棕榈油酸、油酸、多聚不饱和脂肪酸为主，总含量占脂肪酸组成的90%左右。其中，饱和脂肪酸相对含量为41.96%，显著低于黄牛肉(52.54%)。单不饱和脂肪酸含量为42.59%，显著高于黄牛肉（35.50%）。牦牛肉中多聚不饱和脂肪酸含量为10.47%，极显著高于黄牛肉（5.58%），且二十碳五烯酸（eicosapentaenoic acid，EPA）和二十二碳六烯酸（hexaenoic acid，DHA）在牦牛肉中有检出，而黄牛肉中未检出。

甘南牦牛蓄积脂肪中主要脂肪酸组成有如下特点：蓄积脂肪的主要脂肪酸组成为棕榈酸（C16：0）、硬脂酸（C18：0）、棕榈油酸（C16：1）、油酸(C18：1)、亚油酸（C18：2），其累计组成占蓄积脂肪中总脂肪酸的95.44%。其中，含量由高到低为硬脂酸>油酸>棕榈酸>亚油酸>棕榈油酸，且EPA和DHA在牦牛中有检出。

甘南牦牛肌内脂肪与蓄积脂肪相比，饱和脂肪酸含量存在显著差异（$P<0.05$），肌内脂肪含量（41.96%）比蓄积脂肪含量（60.28%）低18.32%。其中，硬脂酸含量极显著低于蓄积脂肪，二者相差18.4%；肌内脂肪中单不饱和脂肪酸含量为42.59%，显著高于蓄积脂肪（34.5%，$P<0.05$）；多不饱和脂肪酸含量分别为10.47%和2.46%，极显著高于蓄积脂肪（$P<0.01$）。甘南牦牛肌内脂肪的P∶S为0.25，蓄积脂肪的P∶S为0.04，肌内脂肪的P∶S值达到WHO推荐值的63%，而蓄积脂肪的P∶S值只有推荐值的1/10。甘南牦牛肌内脂肪和蓄积脂肪中脂肪酸组成见表2-11。

表2-11　甘南牦牛肌内脂肪和蓄积脂肪中脂肪酸组成（%）

脂肪酸组成	肌内脂肪（$\bar{x}\pm S$）	蓄积脂肪（$\bar{x}\pm S$）
饱和脂肪酸（SFA）	41.96±2.36	60.28±3.86
豆蔻酸（C14：0）	0.24±0.12	0.48±0.15
棕榈酸（C16：0）	18.69±1.45	18.10±1.34
硬脂酸（C18：0）	22.25±2.51	40.65±2.36
花生酸（C20：0）	0.53±0.01	0.71±0.12
山嵛酸（C22：0）	0.19±0.02	0.29±0.01
木蜡酸（C24：0）	0.06±0.01	0.05±0.02
单不饱和脂肪酸（MUFA）	42.59±0.86	34.5±0.76
棕榈油酸（C16：1）	3.42±0.23	1.17±0.25
油酸（C18：1）	39.51±2.24	33.33±1.23

（续）

脂肪酸组成	肌内脂肪（$\bar{x}$±S）	蓄积脂肪（$\bar{x}$±S）
多聚不饱和脂肪酸（PUFA）	10.47±0.38	2.46±0.21
亚油酸（C18：2）	4.6±0.21	2.19±0.08
亚麻酸（C18：3）	0.88±0.01	0.09±0.01
花生四烯酸（C20：4）	1.58±0.18	0.10±0.04
EPA（C20：5）	0.41±0.03	0.04±0.01
DHA（C22：6）	0.30±0.01	0.042±0.01
总计	95.02±0.65	97.24±4.36

注：SFA，saturated fatty acid；MUFA，monounsaturated fatty acid；PUFA，polyunsaturated fatty acids。

九、挥发性风味物质

构成牛肉气味和风味的主要来源是脂肪组织的氧化产物，主要有烷烃、醛、酮、醇和酯。甘南牦牛肉中挥发性风味物质约62种，对牦牛肉风味起主要作用的物质有33种。其中，烷类相对含量占总组分的28.36%、酸类占1.03%、烯类占2.42%、醛类占21.56%、酮类占2.57%、醇类占3.36%、酯类占4.58%、噻唑类占0.85%、其他占12.34%。

决定肉品风味的是一些阈值较低的内酯、直链硫化物、不饱和醛及含硫、氧、氮杂环化合物等物质。影响牦牛肉风味的主要挥发性物质为2，4-庚二烯醛（脂肪香）、2-甲基丁醇（清香）、2-乙烯基-1-己醇（小麦香）、3-羟基-2-丁酮（果香）、9-羟基-2-壬酮（果香）、3-（3，3-2甲基丁基）环己酮（油香）、乙酸-2-丙烯酯（肉香）、2-二苯甲酸-2-甲基丙酯（脂肪香）、单乙基-碳三硫酯（类洋葱香）、氯仿（清香）和苯甲噻唑（烤肉香）。

第五节　甘南牦牛乳品质特性

牦牛乳是牦牛分娩后为哺育犊牛从乳腺分泌的一种不透明、稍带黄色或白色的液体，这种乳中干物质、乳脂肪、蛋白质、乳糖等营养成分含量均比奶牛高。牦牛乳脂肪球大，乳脂肪含量高，是牦犊牛初生后最易于吸收的全价食品。

一、营养成分

牦牛乳中的主要成分有水分、蛋白质、脂肪、乳糖、无机盐、磷脂、维生素、酶、免疫体（抗体）、色素、气体及其他微量成分。牦牛乳中各种主要成分的含量总体上是比较稳定的，但随季节、饲料成分的变化，只有脂肪的变动较大。其他诸如蛋白质、乳糖等变化较小，通常秋季的乳质量较好，乳中干物质含量最高，营养价值也高。

甘南牦牛乳的密度（20℃）为1.032 g/L，杂质度为0.25 mg/kg，酸度为16°T。通过表2－12可以看出，甘南牦牛乳中干物质、蛋白质、脂肪、碳水化合物、非脂乳固体、矿物质含量比黑白花奶牛乳分别高4.50 g/100 g、2.08 g/100 g、3.56 g/100 g、0.43 g/100 g、0.36 g/100 g、0.12 g/100 g，高出百分数分别为36.98%、81.85%、106.59%、9.41%、3.81%、20.34%。甘南牦牛乳具有乳脂率和干物质含量高，富含蛋白质、碳水化合物、矿物质、维生素、氨基酸等特性。

表2－12　甘南牦牛乳与当地黑白花奶牛乳的营养成分比较（g/100 g）

组别	数量（头）	水分	干物质	蛋白质	脂肪	碳水化合物	非脂乳固体	灰分
甘南牦牛	22	83.33±0.98	16.67±0.53	5.11±0.08	6.90±0.11	5.00±0.73	9.80±0.92	0.71±0.02
当地黑白花奶牛	10	87.83±0.79	12.17±0.41	3.03±0.07	3.34±0.10	4.57±0.67	9.44±0.88	0.59±0.02

二、矿物质元素

甘南牦牛乳中矿物质含量丰富、营养全面，具体含量见表2－13。

表2－13　甘南牦牛乳中矿物质元素含量

数量（头）	Ca（mg/100 g）	K（mg/100 g）	P（mg/100 g）	Mn（mg/100 g）	Mg（mg/100 g）	Fe（mg/100 g）	Zn（mg/100 g）	Se（mg/kg）
22	150.00±7.91	45.40±0.71	198.00±2.07	0.11±0.03	8.996±0.67	0.112±0.002	0.369±0.03	0.005 2±0.001

三、维生素含量

维生素是牛乳的重要组成部分之一，甘南牦牛乳中维生素E和维生素B_{12}

比当地黑白花奶牛乳高很多。维生素 E 又称生育酚，可能对牦牛在其严酷的生活环境中哺育后代有非常重要的作用；维生素 B_{12} 有促进动物生长和红细胞形成及维持神经系统完整的功能，这与甘南牦牛对铁的吸收、血红蛋白的合成和与高原缺氧环境的适应性有重要关系。甘南牦牛乳中维生素含量见表 2-14。

表 2-14 甘南牦牛乳中维生素含量（mg/100 g）

数量（头）	维生素 C	维生素 B_1	维生素 B_2	维生素 A	维生素 E	维生素 B_{12}	维生素 D
22	0.14	0.266	0.018	0.071	0.20	0.227 2	0.000 5

四、氨基酸组成

甘南牦牛乳中所含的氨基酸种类齐全，各种氨基酸均能被检测到（测定数量 22 头）。其中，谷氨酸的含量最高（占氨基酸总量的 20.43%）。人体必需氨基酸含量较高，占到了氨基酸总量的 41.38%，必需氨基酸与非必需氨基酸的比值为 7∶10。甘南牦牛乳的氨基酸组成均满足 FAO/WHO/UNU 1985 年修订的理想蛋白质中人体必需氨基酸含量模式和评分标准，可以说甘南牦牛乳是一种高品质的蛋白质资源。甘南牦牛乳氨基酸含量见表 2-15。

表 2-15 甘南牦牛乳氨基酸含量

氨基酸	测定值
天门冬氨酸（mg/100 mg）	0.344±0.035
苏氨酸（mg/100 mg）	0.207±0.029
丝氨酸（mg/100 mg）	0.243±0.023
谷氨酸（mg/100 mg）	1.046±0.088
甘氨酸（mg/100 mg）	0.095±0.009
丙氨酸（mg/100 mg）	0.162±0.012
胱氨酸（mg/100 mg）	0.037±0.003
缬氨酸（mg/100 mg）	0.278±0.034
蛋氨酸（mg/100 mg）	0.158±0.014
异亮氨酸（mg/100 mg）	0.228±0.029
亮氨酸（mg/100 mg）	0.484±0.047

（续）

氨基酸（mg/100 mg）	测定值
酪氨酸（mg/100 mg）	0.234±0.023
苯丙氨酸（mg/100 mg）	0.258±0.031
赖氨酸（mg/100 mg）	0.430±0.041
色氨酸（mg/100 mg）	0.076±0.025
组氨酸（mg/100 mg）	0.125±0.024
精氨酸（mg/100 mg）	0.162±0.021
脯氨酸（mg/100 mg）	0.554±0.069
总计（mg/100 mg）	5.121
EAA（mg/100 mg）	2.119
EAA/TAA（%）	41.38
EAA/NEAA（%）	70.59

五、营养价值评定

甘南牦牛乳的必需氨基酸含量（2 923.19 mg/g），高于 FAO/WHO 标准，低于鸡蛋蛋白质标准。甘南牦牛乳必需氨基酸组成较平衡，符合人体需要，是一种营养价值较高的乳产品。甘南牦牛乳中苯丙氨酸+络氨酸、赖氨酸+亮氨酸含量超过鸡蛋蛋白质和 FAO/WHO 模式，这对于以谷物食品为主的膳食者来说，可弥补谷物食品中苯丙氨酸+络氨酸、赖氨酸+亮氨酸的不足，从而提高人体对蛋白质的利用率。甘南牦牛乳中必需氨基酸含量见表 2-16。

表 2-16　甘南牦牛乳中必需氨基酸含量（mg/g N 组成的评价）

必需氨基酸	甘南牦牛乳	FAO 蛋白质评价	鸡蛋蛋白质	氨基酸评分	化学评分
苏氨酸（mg/100 mg）	253.18	250	292	1.01	0.87
缬氨酸（mg/100 mg）	340.02	310	411	1.10	0.83
蛋氨酸+胱氨酸（mg/100 mg）	238.50	220	386	1.08	0.62
异亮氨酸（mg/100 mg）	278.87	250	331	1.12	0.84
亮氨酸（mg/100 mg）	591.98	440	534	1.35	1.11
苯丙氨酸+络氨酸（mg/100 mg）	601.76	380	565	1.58	1.07
赖氨酸（mg/100 mg）	529.93	340	441	1.55	1.19
色氨酸（mg/100 mg）	92.95	60	99	1.55	0.94
总计（mg/100 mg）	2 923.19	2 250	3 059	1.30	0.96

六、卫生指标

甘南牦牛乳卫生指标的测定结果：铅含量0.035mg/kg，汞含量0.001 2mg/kg，农药六六六含量0.007mg/kg，低于《绿色食品　乳制品》（NY/T 657—2002）标准；亚硝酸盐（以$NaNO_2$计）、硝酸盐（以$NaNO_3$计）、砷、滴滴涕、甲拌磷、乐果、对硫磷、甲胺磷、氯氰菊酯、氰戊菊酯、溴氰菊酯、黄曲霉素M_1、抗生素等的含量均未检出。

第三章 甘南牦牛品种保护

第一节 甘南牦牛保种概况

1976年，甘肃省畜牧主管部门协助建立了阿万仓牦牛选育场和尼玛乡沙合大队牦牛本品种选育群，进行甘南牦牛的本品种选育。2009年，甘南牦牛通过国家畜禽遗传资源审定委员会遗传资源审定。

郭宪等（2014）提出，在玛曲县阿孜畜牧科技示范园区建立的甘南牦牛选育核心群，作为甘南牦牛制种供种基地；在玛曲县、碌曲县甘南牦牛产区示范户或专业合作社及卓尼县良种繁殖场建立的扩繁群，置换种公牛，选育提高甘南牦牛的生产性能；在合作市、夏河县、临潭县等地一般牧户或生产规模较小的合作社或专业养殖户开展品种改良，利用杂种优势生产杂种牦牛，提高牦牛的生产性能及出栏率。经过选育的特级甘南牦牛种公牦牛平均体高、体斜长、胸围和体重分别达到140.50 cm、156.00 cm、218.00 cm和563.00 kg，选育核心群成年公牦牛平均体高、体斜长、胸围和体重分别增加了5.20 cm、7.40 cm、16.30 cm和19.20 kg，成年母牦牛平均体高、体斜长、胸围和体重分别增加了3.90 cm、5.80 cm、13.70 cm和14.50 kg，犊牛繁殖成活率提高了9.50%。通过系统的品种选育工作，现已培育出了性能优良、符合品种标准的甘南牦牛个体，并向良种繁殖场和一般养殖场或专业合作社或养殖专业户提供种公牦牛，不断改良牦牛品质，提高牦牛生产性能。

第二节　甘南牦牛保种目标

一、保种数量

按照甘南牦牛的保种要求，目前已形成800头规模的保种核心群。其中，无血缘关系的种公牦牛数量不少于20头，种母牦牛数量不少于500头。

二、保种目标性状和指标

甘南牦牛的保种以保持一定规模原种群体、品种特征明显，在品种生产性能稳定、适应性良好等优良特性的基础上，提高牦牛的繁殖性能和产肉性能。保种目标性状和指标如下：

1. 生长发育性状　初生公犊牛在13.0 kg以上，母犊牛在11.0 kg以上；成年公牦牛体高在126.6 cm以上，母牦牛体高在110.5 cm以上。

2. 泌乳期产乳性能　150 d泌乳量不低于350 kg，乳脂率达6.0%。

3. 产肉性能　成年牦牛活体重在206.50 kg以上，胴体重在110.00 kg以上，屠宰率在52%以上。

4. 产毛性能　成年公牦牛平均毛绒产量达1.10 kg，尾毛量达0.50 kg。

5. 繁殖性能　甘南牦牛初配年龄母牦牛为2～3岁，妊娠期255 d左右，繁活率平均为65.0%。

6. 抗病力和适应性　抗病力强，适应性良好。

第三节　甘南牦牛保种技术措施

一、保种原则

减缓保种群近交系数增量，尽量保存品种内遗传多样性，使保种目标性状不丢失、不下降。

二、保种场保种方案

1. 以龙头企业作示范　以甘南州玛曲县阿孜畜牧科技示范园区为龙头，生产原种牦牛；以玛曲县甘南牦牛重点产区的乡镇为保种依托，建立甘南牦牛纯种繁育区，选择户均饲养在100头以上的牧户开展保种选育工作，同时辐射带动周边地区甘南牦牛的选育及推广利用工作。

2. 开放核心群，多场联合保种　核心群牦牛只从产区严格选入。选育群从保种区内的乡镇选择基础母牦牛群好的牧民牛群组建。先由牧民群众淘汰出售，淘汰交换不符合品种标准的牛只，再购入优良公、母牦牛组群，保种场提供补助。

3. 制定合理的公牛利用制度　为避免近交，采用非近交公牦牛逐代轮换配种制度，或采用公牦牛随机等量交配母牦牛的方式，配种的公、母牦牛比例为1∶(15～20)。保种区或扩繁场母牦牛以自留种为主，种公牦牛来自上级保种场或核心群。

4. 保种场编制选育及优化方案　每年秋末组织有关人员对核心群牛只进行品质鉴定，登记造册，调整或淘汰公、母牦牛，对选育群牛只鉴定整群，提高选种选配的质量。

5. 建立连续、完整的原始记录档案　内容包括：配种记录、产犊记录、各阶段生长发育记录、各阶段生产性能记录、种公（母）牦牛卡片、遗传系谱、防疫、诊疗记录等。并在此基础上，建立或完善品种登记制度，制定科学的饲养管理操作规程和选配计划。

三、保种方式

甘南牦牛以活体保种为主、生物技术保种为辅。采取保种场和保种选育基地相结合的形式，在甘南牦牛中心产区玛曲县建立甘南牦牛保种选育场，不断完善保种设施，扩大种群数量，提高甘南牦牛品质。有目的、有计划地发展优质甘南牦牛，进行保种场基础设施配套建设，采取科技措施，以保持甘南牦牛原有的优良特性为前提、保护地方特有优良品种为目的，通过本品种选育来提高品种性能，扩大种群数量，建立保种选育基地，形成规模养殖，走产业化经营之路。

第四节　甘南牦牛基因资源评价

甘南牦牛是优良的地方品种，具有丰富的基因资源，开展基因资源评价、挖掘甘南牦牛优异的基因资源，是甘南牦牛保种中的重要环节。作为遗传标记之一，分子标记是生物DNA水平遗传变异的直接反映。与形态遗传标记、细胞遗传标记及生化遗传标记相比，DNA 分子遗传标记具有存在普遍、多态性丰富、遗传稳定和检测准确性高等特点。因此，当前已被广泛应用于遗传作图、基因定位、基因连锁分析、动植物标记辅助选择，以及物种的起源、演化和分类等研究。目前，已有多种 DNA 分子标记被运用于甘南牦牛的遗传育种研究工作。了解各种 DNA 分子标记在牦牛遗传育种研究中的现状，分析比较各种分子标记在牦牛科研中的可行性和优缺点，可为今后开展牦牛的基因定位、基因连锁分析、分子标记辅助选择、起源、进化和分类等研究提供必要的指导、参考和借鉴。

对甘南牦牛进行分子生物学水平上的研究集中在遗传多态性、基因与性状的关联分析和功能基因挖掘上，研究的结果反映了甘南牦牛品种遗传多样性丰富程度和确定品种遗传独特性程度，进而分析甘南牦牛的起源和遗传分化情况，为合理利用其遗传资源，开发出更多、更优质的产品提供重要的理论依据。

一、分子标记技术

1. 甘南牦牛微卫星变异的比较研究　阎萍等（2005）利用普通牛微卫星标记，以欧洲普通牛品种间微卫星变异的相应资料为参照，检测甘南牦牛群体的遗传变异和群体间的遗传差异，为开展品种资源保护，以及实施品种（类群）的遗传改良提供了微卫星层次的分类依据，并为研究微卫星座在跨牛种间的实用性积累了遗传学资料。

2. 牦牛胰岛素样生长因子-1基因的多态性分析　姚玉妮等（2008）采用聚合酶链式反应单链构象多态（polymerase chain reaction mono - chain conformation polymorphism，PCR - SSCP）分析了牦牛胰岛素生长因子-1（insulin growth factor - 1，*IGF - 1*）基因在甘南牦牛、青海大通牦牛、天祝白牦牛和青海高原牦牛 4 个品种中的遗传多态性。结果表明，牦牛 *IGF - 1* 基因的第1个外显子不存在遗传多态性；第 2 个外显子在 4 个品种中监测到了 AA、AB 和 BB 基因型，而且 A 等位基因为 4 个牦牛群体的优势等位基因，分布较高。在天祝白牦牛、青海高原牦牛及培育品种大通牦牛中都检测到 3 种基因型（AA、AB 和 BB)，而在甘南牦牛群体中只检测到 AA、AB 2 种基因型，未见 BB 纯合基因型。不同牦牛品种 *IGF - 1* 基因型分布存在明显差异。大通牦牛和天祝白牦牛 *IGF - 1* 基因型无显著差异，而甘南牦牛和青海高原牦牛基因型分布类似。在分析的 4 个品种中，天祝白牦牛 AA 基因型频率最高，达到 0.855 9；而大通牦牛、甘南牦牛和青海高原牦牛的则相对较低，分别为 0.833 3、0.697 0 和 0.614 3。甘南牦牛和青海高原牦牛，青海大通牦牛和天祝白牦牛的基因及基因型相近，其他牦牛群体之间基因和基因型存在差异。

3. 牦牛生长激素受体基因 PCR－SSCP 分析　张森等（2008）利用 PCR－SSCP 技术对甘南牦牛、天祝白牦牛和青海高原牦牛 3 个牦牛品种的生长激素受体基因进行了多态性分析。结果表明，第 1、3 对引物扩增无多态性，第 2 对引物扩增 3 个牦牛品种均发现等位基因 A 和等位基因 B，而且等位基因 B 为 3 个牦牛品种的优势等位基因，分布较高。天祝白牦牛 A 的基因频率为 0.368 2，B 的基因频率为 0.631 8；甘南牦牛 A 的基因频率为 0.159 6，B 的基因频率为 0.840 4；青海高原牦牛 A 的基因频率为 0.070 0，B 的基因频率为 0.930 0。从基因频率和基因型在 3 个不同群体中的分布来看，天祝白牦牛的 B 等位基因频率较甘南牦牛和青海高原牦牛的低，而且天祝白牦牛的基因型分布与甘南牦牛和青海高原牦牛之间差异极显著，甘南牦牛和青海高原牦牛之间差异不显著。

4. 甘南牦牛生长分化因子－10 基因多态性与生产性状的相关性分析　李天科等（2014）检测到了甘南牦牛生长分化因子－10（growth differentiation factor－10，*GDF－10*）基因外显子 3 的 3 个多态位点，即 12 116（G/A）、12 152（C/T）和 13 041（T/C）。群体遗传学分析显示，3 个多态位点均表现为低度多态（$PIC<0.25$）。牦牛群体在 13 041（T/C）位点未达到 Hardy－Weinberg 平衡（$P<0.05$），其他 2 个多态位点处于 Hardy－Weinberg 平衡状态（$P>0.05$）。多态位点配对连锁不平衡分析发现，3 个突变位点之间存在弱连锁平衡。关联分析表明，甘南牦牛 *GDF－10* 基因不同突变位点的基因型与牦牛体斜长、体高、胸围和体重差异显著（$P<0.05$）或极显著（$P<0.001$），与管围差异不显著（$P>0.05$）。单倍型分析后在群体中发现了 7 种单倍型组合，其中 ATC 和 ATT 组合与牦牛的体尺性状和体重显著相关。甘南牦牛 *GDF－10* 基因 3 个多态位点和 2 个单倍型组合与牦牛的体高、体长、体重和胸围显著相关，可以尝试作为牦牛生产性状的候选分子标记，为牦牛遗传资源的保护、开发，加快遗传进程，提高甘南牦牛生产性能提供科学依据。

5. 甘南牦牛生长激素基因的单核苷酸多态性分析　白晶晶等（2009）采用 PCR－SSCP 技术，对 202 头甘南牦牛生长激素（growth hormone，GH）

基因的 5 个外显子及部分内含子序列进行单核苷酸多态性（single nucleotide polymorphism，SNPs）分析。结果表明，甘南牦牛 *GH* 基因第 1、2、4 外显子无多态性，第 3 内含子及第 5 外显子均表现遗传多态性。其中，第 3 内含子有 AA、AB、BB 3 种基因型，第 5 外显子有 CC 和 CD 2 种基因型，未发现 DD 基因型。序列分析发现，第 3 内含子 1 694 bp 处发生 T→C 单碱基转化；第 5 外显子 2 154 bp 处发现 G→A 单碱基突变，导致甘氨酸（Gly）变为丝氨酸（Ser）。甘南牦牛在 2 个基因位点上均表现为低度多态（PIC＜0.25），χ^2 检验表明其处于 Hardy－Weinberg 不平衡状态（P＜0.05）。初步推测甘南牦牛 *GH* 基因的多态性相对贫乏。

6. 甘南牦牛细胞球蛋白基因外显子多态性的 PCR－SSCP 分析分析　娄延岳（2014）发现，甘南牦牛细胞球蛋白（cytoglobulin，CYGB）基因序列 G＋C 含量略高，且编码区 G＋C 含量明显高于非编码区。对 300 头甘南牦牛 *CYGB* 基因的 4 个外显子区域进行多态性检测，在 P7 引物扩增的包括整个第 3 外显子及部分内含子的区域，发现 1 处点突变，在甘南牦牛群体中表现 AA、AB 2 种基因型，由 A、B 2 个复等位基因控制。基因型频率分别为 0.960 和 0.040，复等位基因 A、B 的频率为 0.980 和 0.020。其中，等位基因 B 处发生了 C→T 突变，该突变发生在外显子 3 的第 114 bp 处，使得氨基酸编码序列上的第 163 个密码子由 ACC 突变成 ACT。因为 ACC、ACT 所编码的都是苏氨酸，所以该突变没有引起氨基酸水平的变化。在 P8 引物扩增的包括整个第 4 外显子及部分 3′侧翼区和内含子的区域，发现 2 处点突变，在甘南牦牛群体中表现 AA、AB 和 AC 3 种基因型，由 A、B 和 C 3 个复等位基因控制。基因型频率分别为 0.800、0.100 和 0.100，复等位基因 A、B 和 C 的频率为 0.900、0.050 和 0.050。等位基因 B 处发生了 A→C 突变，该突变位点发生在 3′UTR 区。等位基因 C 处发生了 A→G 突变，该突变发生在外显子 4 的第 25 bp 处，使得氨基酸编码序列上的第 188 个密码子由 TCA 突变成 TCG。因为 TCA、TCG 所编码的都是丝氨酸，所以该突变没有引起氨基酸水平的变化。

7. 牦牛脂肪细胞脂肪酸结合蛋白、心型脂肪酸结合蛋白基因多态性及与胴体和肉质性状关联性分析　曹健（2012）采用 PCR－SSCP 技术检测甘南牦牛脂肪酸结合蛋白（adipocyte fatty acid binding protein，A－FABP）和 U 型脂肪酸结合蛋白（heart fatty acid binding protein，H－FABP）基因部分区段单核苷酸多态性（SNPs）时发现，甘南牦牛 *A－FABP* 基因引物扩增区域有 5

种等位基因，同普通牛 *A-FABP* 基因序列比对发现 6 处 SNPs。其中，第 4 外显子区存在 c.4 222A>G 的同义突变，3′-UTR 区 c.＊94T>A 突变仅存在于牦牛群体中，是其区别于普通牛的遗传特征之一。检测到的基因型与甘南牦牛胴体及肉质性状显著关联，2.5～3 岁甘南牦牛 AA 型个体胴体重显著高于 AC 型，4.5～5 岁 AA 型嫩度极显著高于 BB 型，AA 型胴体重显著高于 AB 型。甘南牦牛 H-FABP 基因引物扩增区域发现 3 种等位基因 A-C，与等位基因 A 比对，5′-UTR 区存在 c.17-2C>T 的颠换，等位基因 C 在第 1 内含子还存在 c.17+120G>A 的转换。基因型与甘南牦牛胴体及肉质性状关联分析表明，3～3.5 岁甘南牦牛 BB 型个体眼肌面积显著高于 AA 型；4.5～5 岁 AB 型胴体重极显著和显著高于 AA 型、BB 型和 BC 型，眼肌面积分别极显著和显著高于 AA 型，AA 型熟肉率显著高于 AB 型，BC 型眼肌面积极显著高于 AA 型。*A-FABP* 和 *H-FABP* 基因突变可作为牦牛胴体及肉质性状潜在的分子标记位点。

8. 牦牛和胰岛素样生长因子 1 受体基因 SNPs 与生长性状相关性　梁春年（2011）以 4 个地方牦牛品种（甘肃天祝白牦牛、甘肃甘南牦牛、青海高原牦牛、新疆巴州牦牛）和 1 个培育品种（青海大通牦牛）为研究对象，采用 PCR-SSCP 技术对牦牛肌肉生长抑制素（myostatin，MSTN）基因多态性检测，分析了多态性与牦牛生长性状的相关性。研究检测到 2 个多态位点，分别在外显子 1 和内含子 2 上。在外显子 1 扩增片段的第 176 bp 处有一个 A 转换 G 的单碱基突变，在内含子 2 扩增片段的第 192 bp 处有一个 A 转换 G 的单碱基突变。牦牛 *MSTN* 基因内含子 2 存在 2 个等位基因和 3 种基因型。在该基因座上，甘南牦牛、天祝白牦牛、青海高原牦牛 3 个群体处于 Hardy-Weinberg 平衡状态，大通牦牛、新疆巴州牦牛 2 个群体处于不平衡状态。3 种基因型与牦牛部分生长性状的最小二乘法分析表明，*MSTN* 基因内含子 2 存在的多态位点对周岁牦牛体斜长和体重等均有显著影响（$P<0.05$），不同基因型对周岁牦牛体高、胸围、管围等的影响均不显著（$P>0.05$）。*MSTN* 基因内含子 2 存在的多态位点对成年牦牛胸围、体重均有显著影响（$P<0.05$），不同基因型对成年牦牛体高、管围、体斜长等的影响均不显著（$P>0.05$）。

采用 PCR-SSCP 技术对牦牛胰岛素样-1 生长因子受体（insulin-like growth factor-1 receptor，IGF-1R）基因多态性检测，在外显子 1 扩增片段

的第 242 bp 处有 1 个 C 转换 A 的单碱基突变。该位点在各牦牛群体中均存在多态性，有 3 种基因型，由 1 对等位基因控制。在该基因座上，大通牦牛、甘南牦牛、天祝白牦牛、青海高原牦牛 4 个群体均处于 Hardy - Weinberg 平衡状态，而新疆巴州牦牛群体在该位点处于不平衡状态。3 种基因型与牦牛部分生长性状的关联分析表明，*IGF - IR* 基因外显子 1 存在的多态位点对周岁牦牛体高、体斜长、体重等均有显著影响（$P<0.05$），不同基因型对周岁牦牛胸围、管围等的影响均不显著（$P>0.05$），*IGF - IR* 基因外显子 1 不同基因型对成年牦牛体高、胸围、管围、体斜长、体重等的影响均不显著（$P>0.05$）。

9. 牦牛钙蛋白酶 3 基因多态性与胴体和肉质性状关联分析　潘红梅（2013）在甘南牦牛钙蛋白酶 3（Calpain 3，CAPN 3）基因第 1 外显子检测到 4 处 SNPs，对应 4 种等位基因 A - D，等位基因 A 为优势等位基因，AA 型为优势等位基因型；g. 122T>G 突变导致 p. Met18Arg 的氨基酸改变；*CAPN3* 第 1 外显子 PIC<0.25，为低度多态。甘南牦牛 *CAPN3* 基因第 2 内含子检测到 3 处 SNPs，对应 3 种等位基因 A - C，等位基因 A 为优势等位基因，AA 型为优势基因型。甘南牦牛 *CAPN3* 第 2 内含子区 PIC=0.450，为中度多态。*CAPN3* 基因第 2 内含子突变影响部分年龄段甘南牦牛胴体及肉质性状。携带等位基因 A 的 3 岁阉牦牛胴体重平均值显著低于未携带者，剪切力值显著高于未携带者，携带等位基因 A 的 5 岁母牦牛熟肉率极显著高于未携带者，携带等位基因 C 的 5 岁阉牦牛熟肉率显著低于未携带者。淘汰携带等位基因 A 的个体可改善甘南牦牛后代群体的胴体重及肌肉嫩度，但对熟肉率有一定影响；而淘汰携带等位基因 C 的个体，可增加甘南牦牛后代群体的熟肉率。

10. 牦牛印度刺猬因子、黑素皮质素受体-4 基因的多态性与生长性状的相关性研究　李天科（2014）应用分子生物技术对牦牛印度刺猬因子（indian hedgehog，*IHH*）基因、黑素皮质素受体 4（melanocortin receptor 4）基因多态性与生长性状的相关性进行研究，同时应用实时荧光定量 PCR 技术，对 IHH 基因、*MC4R* 基因在牦牛不同组织中的表达规律进行分析。*IHH* 基因和 *MC4R* 基因在牦牛组织中的表达谱 *IHH* 基因和 *MC4R* 基因在牦牛的心脏、肝脏、胰腺、肌肉、肺和卵巢等 8 个部位都有表达。其中，*IHH* 基因主要在心脏、脾脏和肌肉组织中高度表达，*MC4R* 基因主要在肾脏、胰脏和肌肉组织中高度表达。*IHH* 基因的多态性及其与牦牛生产性状的关联性分析检测到牦牛

IHH 基因外显子区域的 2 个多态位点 5855（C/T）和 6383（G/A），检测到的 2 个多态位点杂合度均为高度多态，遗传变异高，选择余地大，2 个突变位点有强连锁不平衡，相关性分析表明，不同突变位点的基因型和不同的基因型组合与体斜长、体高、胸围、体重差异显著，与管围差异不显著。*MC4R* 基因的多态性及其与牦牛生产性状的关联性分析检测到牦牛 *MC4R* 基因外显子区域的 1 个多态位点 437（G/A）。甘南牦牛群体表现为中度多态，关联分析表明 *MC4R* 基因突变位点的基因型与甘南牦牛的体重差异显著，而在其他方面差异都不显著。

11. 牦牛脑红蛋白基因 CDS 遗传变异研究　李盛杰（2013）利用 PCR-SSCP 技术对 150 头甘南牦牛的脑红蛋白（neuroglobin，NGB）基因 4 个外显子区域遗传变异规律进行了研究，P3 引物扩增的区域包括整个外显子 1 和 126 bp 的 5′侧翼区及 5 bp 的内含子 1，检测发现 1 处点突变，在甘南牦牛群体中均表现 AA、AB、BB 3 种基因型，由 A、B 2 个等位基因控制。其中，等位基因 B 处发生了 A→G 突变，该突变使得氨基酸编码序列上的第 14 个密码子由 CGA 突变成 CGG，但没有引起氨基酸水平的变化，属于同义突变。P4 引物扩增的区域包括整个外显子 2 和 123 bp 的内含子 1 及 2 bp 的内含子 2，检测发现 1 处点突变，在甘南牦牛群体中均表现 CC、CD、DD 3 种基因型，由 C 和 D 2 个等位基因控制。其中，等位基因 D 处发生了 T→C 突变，该突变使得氨基酸编码序列上的第 38 个密码子由 TTG 突变成 CTG，属于同义突变。P5 引物扩增的区域包括整个外显子 3 和 144 bp 的内含子 2 及 92 bp 的内含子 3，检测发现 2 处点突变，在甘南牦牛群体中均表现 EE、EF、FF、EG、FG 5 种基因型，由 E、F、G 3 个复等位基因控制。其中等位基因 G 位于内含子区域，即位于第 2 内含子 587 bp 处发生 C→T 突变；而等位基因 F 处发生了 C→T 突变，该突变使得氨基酸编码序列上的第 72 个密码子由 ATC 突变成 ATT，属于同义突变。P6 引物扩增的区域包括整个外显子 4 bp 和 147 bp 的内含子 3′，以及 85 bp 的 3′侧翼区，检测发现 1 处点突变，在甘南牦牛群体中均表现 MM、MN 2 种基因型，由 M、N 2 个等位基因控制。其中，等位基因 N 处发生了 T→C 突变，该突变使得氨基酸编码序列上的第 110 个密码子由 GGT 突变成 GGC，属于同义突变。

12. 牦牛钙激活中性蛋白酶 1 基因多态性及与胴体和肉质性状关联研究　陈杰（2016）分析了甘南牦牛钙激活中性蛋白酶 1（calcium activates neutral

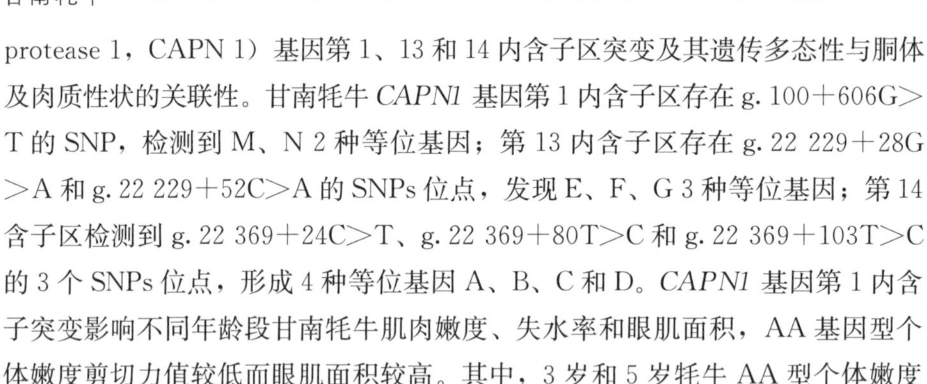

protease 1，CAPN 1）基因第 1、13 和 14 内含子区突变及其遗传多态性与胴体及肉质性状的关联性。甘南牦牛 *CAPN1* 基因第 1 内含子区存在 g. 100+606G>T 的 SNP，检测到 M、N 2 种等位基因；第 13 内含子区存在 g. 22 229+28G>A 和 g. 22 229+52C>A 的 SNPs 位点，发现 E、F、G 3 种等位基因；第 14 含子区检测到 g. 22 369+24C>T、g. 22 369+80T>C 和 g. 22 369+103T>C 的 3 个 SNPs 位点，形成 4 种等位基因 A、B、C 和 D。*CAPN1* 基因第 1 内含子突变影响不同年龄段甘南牦牛肌肉嫩度、失水率和眼肌面积，AA 基因型个体嫩度剪切力值较低而眼肌面积较高。其中，3 岁和 5 岁牦牛 AA 型个体嫩度剪切力显著低于 BB 或 AB 型，4 岁和 5 岁牦牛 AA 型个体眼肌面积显著高于 BB 或 AB 型；另外，6 岁牦牛 AA 型个体失水率显著高于 BB 和 AB 型。*CAPN1* 基因 g. 100+606G>T 突变可作为甘南牦牛肉质性状潜在的遗传标记之一。

13. 牦牛可卡因-苯丙胺调节转录肽单核苷酸多态性检测　刘建等（2013）运用高分辨率熔解曲线分析技术（high - resolution melting，HRM）检测 *CART*（cocaine - phenylalanine regulates transcriptional peptides）基因 4 个 SNPs 在甘南牦牛品种中的分布发现，甘南牦牛 *CART* 基因 4 个 SNPs，1 个位于基因上游序列、1 个位于内含子、2 个位于 3′- UTR。群体遗传学分析显示，V168 和 V1816 位点属于中度多态，V221 和 V1791 属于低度多态，单倍型 C 属于优势单倍型。

14. 牦牛 *LPL* 和 *H - FABP* 基因多态与生长发育性状相关性研究　邢成锋（2009）利用生物信息学和 PCR - SSCP 技术，研究了 *LPL* 基因的 9 个外显子及第 3 内含子的多态性，分析了 *H - FABP* 基因的外显子及各内含子的遗传变异情况。同时，探讨了 *LPL* 和 *H - FABP* 基因的多态性与牦牛生长发育性状的相关性。牦牛 *LPL* 基因的第 7 外显子发现多态位点，该基因片断中发生了 C→T 的基因突变，该多态位点由 1 对等位基因 A、B 控制。等位基因 A 为优势等位基因。该位点多态与牦牛的体重、体高、胸围存在显著相关，BB 型个体体重、体高、胸围显著高于 AA 和 AB 型个体。在牦牛 H - FABP 基因片段中，发现 3 处多态位点，分别位于第 1、2、3 内含子中；外显子中未发现多态位点。在第 1 内含子多态位点，发生了 A→G 的基因突变。该位点多态性与牦牛的体重显著相关，与牦牛的胸围存在极显著相关。在第 2 内含子多态位点，发生了 T→C 的基因突变，该位点多态性与牦牛的体重、体长和胸围显著相关，BB 型个体的体重、体长和胸围中显著高于 AA 和 AB 型个体。在第 3 内含子基因片断发现多态位点，但未发现突变纯合子，突变杂合子的数目较少，该位点多态性与牦牛的体重、体高、体长和胸围的相关性均不显著。

15. 牦牛细胞骨架连接蛋白基因多态性与胴体和肉质性状关联分析　陈海青（2013）应用 PCR－SSCP 技术检测连接蛋白（ankyrin1，*ANK1*）基因启动子区多态性，并分析基因突变对胴体及肉质性状的影响。结果表明，甘南牦牛 *ANK1* 基因启动子区多态性丰富，检测出 4 处 SNPs 对应 4 种等位基因 A、B、C、D，等位基因 C 和基因型 CC 频率分别为 0.559 7 和 0.384 0，为优势等位基因及优势基因型；*ANK1* 基因启动子区突变对各年龄甘南牦牛肉质性状影响不同，基因型 CC 与 4 岁牦牛宰后肌肉嫩度及 5 岁牦牛失水率显著相关，等位基因 C 与 4 岁甘南牦牛失水率、眼肌面积及嫩度显著关联；甘南牦牛胴体及肉质性状在各基因型和等位基因间的变化趋势基本相同，即 BC 型个体宰后肌肉嫩度剪切力值最低而 BB 型最高，AA 和 BB 型个体肌肉有较好的保持水分的能力而 BC 型个体最差，AA 型个体眼肌面积最小，而携带等位基因 C 的个体肌肉嫩度剪切力值小而眼肌面积大，但肌肉失水率高。甘南牦牛 *ANK1* 基因启动子区突变可作为胴体及肉质性状的基因标记，选择 BC 基因型个体或等位基因 C，可改善牦牛群体的宰后肌肉嫩度，增加眼肌面积，但可能使肌肉保持水分的能力下降。

16. 牦牛钙离子激活中性蛋白酶 4 基因启动子区突变对胴体及肉质性状的影响　牛晓亮等（2015）检测到牦牛钙离子激活中性蛋白酶 4（calcium activates neutral protease 4，CAPN4）基因启动子区存在 a. －1 222G>A 的单碱基突变，检测到 AA、AB 和 BB 3 种基因型，该突变对不同年龄甘南牦牛胴体和肉质性状有一定影响。其中，4 岁和 6 岁牦牛 BB 型个体熟肉率显著高于 AA 型或 AB 型；3 岁和 6 岁牦牛 AB 型个体失水率显著高于 BB 型或 AA 型，而 5 岁牦牛 BB 型个体肌肉失水率显著高于 AA 型；3 岁和 5 岁牦牛 BB 型个体的眼肌面积显著高于 AA 型和 AB 型。等位基因 A 对 4 岁和 6 岁牦牛熟肉率、各年龄牦牛肌肉保水性和眼肌面积均存在不利影响；除 5 岁牦牛携带等位基因 A 个体的胴体重显著低于未携带者外，该突变对其他年龄段牦牛胴体重及全部牦牛个体的肌肉嫩度无显著影响。

17. 牦牛脂肪酸合成酶基因多态性及其与肉质性状的相关性研究　褚敏等（2014）利用 PCR－SSCP 技术，对甘南牦牛脂肪酸合成酶（fatty acid syn-

thase，FASN）基因第3内含子进行SNPs筛选，并将筛选到的突变位点与牦牛部分肉质性状进行相关性分析。检测到g.5 477 C→T的突变，由此产生3种基因型：HH、HG、GG。相关性分析表明，HH基因型和HG基因型个体的脂肪含量显著高于GG基因型个体。HH、HG、GG 3种基因型对失水率、熟肉率、pH24值和剪切力的影响差异不显著。

18. 肌分化因子基因3′UTR SNPs多态性与甘南牦牛生长性状相关性的研究　褚敏等（2012）利用PCR-SSCP的方法对甘南牦牛肌分化因子1（myogenic differentiation 1，MyoD1）基因外显子3全序列及3′UTR部分序列进行SNPs筛选，结果在3′UTR 1 976位检测到一处新突变，突变由C→T的转换造成，由此产生3种基因型。其中，CC型个体的胸围、体重显著高于CT型和TT型个体，CC型个体的体斜长显著高于CT型和TT型个体，3种基因型对体高及管围的影响差异不显著。

二、功能基因克隆

1. 甘南牦牛脑红蛋白基因的克隆及序列分析　石宁宁等（2013）采用TA克隆法克隆甘南牦牛脑红蛋白（neuroglobin，NGB）基因，基因全长3 844 bp，包括4个外显子和3个内含子，其内含子中存在2个反向重复序列和1个正向重复序列；牦牛*NGB*基因CDs区全长456 bp，其编码产物是由151个氨基酸残基组成的可溶性蛋白质，相对分子质量约为16 876.36，理论等电点为4.86，推测*NGB*编码产物可能在牦牛物质运输和结合、能量代谢等过程中发挥着重要作用。系统发育树分析表明，甘南牦牛*NGB*与牛、藏羚羊等物种之间存在较高的同源性。

2. 甘南牦牛*H-FABP*基因CDS区多态性及生物信息学分析　曹健等（2012）研究表明，甘南牦牛*H-FABP*基因CDS区序列与九龙牦牛相同，而与普通牛对比在第3外显子存在 * 76G>A的同义突变；甘南牦牛*H-FABP*氨基酸序列没有明显的疏水性区域，也未形成跨膜螺旋区及信号肽，推测其主要在细胞质中发挥生物学作用。

3. 牦牛*MSTN*和*IGF-IR*基因的克隆　梁春年（2011）以甘南牦牛为研究对象，克隆牦牛*MSTN*、*IGF-IR*基因并进行序列测定。*MSTN*基因序列全长613 bp（GenBank登录号：EU 926670），将获得的牦牛*MSTN*基因序列与其他物种相应序列比对表明，牦牛*MSTN*基因由3个外显子和2个内含子组成，CDS序列全长为1 128 bp（GenBank登录号：EU 926669），编码375个氨基酸。3个外显子大小分别为373 bp、374 bp和381 bp，2个内含子大小分别为1 843 bp和2 028 bp。牦牛与普通牛的*MSTN*基因编码区中，在417位发生一次碱基转换（C→T），但未造成氨基酸改变。生物信息学分析表明，牦牛*MSTN*基因编码的蛋白质的理论分子质量约为42.6 ku，PI值为6.14。该蛋白质最常见的二级结构以α-螺旋、β-折叠、随机卷曲为主，其第3外显子编码的蛋白α-螺旋很少。牦牛*MSTN*基因编码蛋白属于跨膜蛋白，跨膜区位于AA6～23；具有1个分泌信号肽结构，其氨基酸序列MQKLQICVYIYLFMLIVA具有TGF-β家族的特征。牦牛*IGF-IR*基因序列全长4 350 bp，包括牦牛该基因的全部外显子和部分5′-侧翼区、3′-侧翼区序列。该序列编码1 367个氨基酸。牦牛与普通牛的*IGF-IR*基因编码区中，发现有20处碱基改变，其中发生C到T碱基转换7次，发生G到A碱基转换2次，发生T到C碱基转换6次，发生A到G碱基转换3次，发生G到T碱基颠换2次。将由编码区推导出来的牦牛*IGF-IR*蛋白与普通牛该蛋白序列进行比对发现，位于*IGF-IR*基因编码区的9个碱基变异造成3个氨基酸改变：6 G→R、29T→I、30 S→I的改变。生物信息学分析发现，牦牛*IGF-IR*基因编码的蛋白质理论相对分子质量为154 949.3，理论PI值为5.71。牦牛*IGF-IR*基因编码的蛋白质二级结构有α-螺旋、β-折叠、β-转角及随机卷曲等。推测该蛋白质存在3个跨膜结构，跨膜区位于AA6～26、AA938～958和AA1 188～1 209。且该蛋白质具有信号肽序列，最可能的剪切位点位于30～31位的氨基酸。

4. 牦牛*CAPN3*基因克隆　潘红梅（2013）运用RT-PCR技术从牦牛总RNA中克隆*CAPN3*基因完整的CDS区及部分3′UTR序列。牦牛*CAPN3*基因CDS区全长2 469 bp（GenBank登录号：JX 112349.1），编码822个氨基酸残基（GenBank登录号：AFP73395.1）；同普通牛比对，牦牛*CAPN3*基因在CDS区存在10个SNPs，并导致该蛋白质功能区内3个氨基酸突变；牦牛*CAPN3*基因编码蛋白质分子质量94.58ku，理论PI值为5.70，氨基酸序列中存在较强的亲水区域，二级结构以α-螺旋和无规卷曲为主；牦牛*CAPN3*基因编码氨基酸序列与普通牛、绵羊、野猪等物种间同源性较高，系统进化情况与其亲缘关系远近一致。

5. 甘南牦牛*CYGB*基因的克隆　孙雪婧（2014）对牦牛的*CYGB*基因进行了克隆，成功获得了全序列。牦牛*CYGB*基因序列全长8 484 bp，包括4个外显子和3个内含子，外显子的大小分别为143 bp、232 bp、164 bp和34 bp，内含子的大小分别为5 175 bp、280 bp和2 379 bp；牦牛*CYGB*基因的G+C含量（60.32%）大于A+T含量（39.68%）；牦牛*CYGB*基因的ORF编码一个由190个氨基酸残基构成的可溶性蛋白质，其相对分子质量为21 399，理论PI值为6.32，其二级结构由α-螺旋（64%）和无规卷曲（36%）构成。牦牛*CYGB*主要定位于细胞质中，推测可能在能量代谢和辅因子的生物合成等过程中发挥信号转导、转录调控等作用。

6. 牦牛鼠灰色基因的克隆及编码区多态性研究　张建一等（2014）以甘南牦牛皮肤总RNA为模板，采用RT-PCR技术扩增，成功获得了牦牛*Agouti*基因编码区序列。*Agouti*基因的编码区是一条长为593 bp的DNA序列。该基因含有一个长度为402 bp的开放性阅读框，编码133个氨基酸。*Agouti*基因编码蛋白质属于亲水性蛋白质，有1个明显的信号肽，含有多个磷酸化位点。其二级结构主要以α-螺旋和无规则卷曲为主。*Agouti*基因编码产物氨基酸邻接系统树表明，牦牛*Agouti*与黄牛、绵羊等物种的*Agouti*氨基酸具有高度相似性，并且牦牛*Agouti*基因编码区中无多态性位点。

第四章 甘南牦牛品种选育

第一节　甘南牦牛本品种选育

牦牛本品种选育就是通过对一个牦牛群体或群体内公、母牦牛的选种、选配和改善饲养管理来提高牦牛生产性能和体型外貌，使其更适合牧民或市场需要。牦牛本品种选育的基本任务是保持和发展牦牛品种的优良特性，增加品种内优良个体的比重，克服该品种的某些缺点，达到保持品种纯度和提高整个品种质量的目的。

一、本品种选育的基本原则

本品种选育是在纯种繁育的基础上，通过较长时期的选育，增加群体中良种的数量，保持和提高牦牛优良类群原有的生产性能和特性，不断克服存在的缺点，形成稳定的遗传性或能稳定地遗传给后代，使其更适合国内外市场的需要。本品种选育要在确定选育方向、制定本种选育计划和选育标准上，深入、细致地进行选种和选配，始终坚持既定的目标进行选育。我国牦牛中的优良类群，多由个体来源相同、生态及饲养条件基本一致的牛只构成，在有的产区不注意选种选配，造成近亲繁殖，致使后代的生活力降低、体格变小、生长速度缓慢等。因此，在牦牛的选育中，要采用现代畜牧育种技术进行严格的选种选配，特别是选育核心群，对种用公、母牦牛要认真、科学地选种选配，对优秀公、母牦牛要采用人工授精和冷冻胚胎移植等技术扩大繁殖，提高本品种选育效果。

二、本品种选育目标

甘南牦牛的选育工作应从肉乳兼用向以肉用为主的方向开展，突出肉用性

能，把肉用当作主选方向，作为主导支柱产品，充分发挥暖季牧草营养丰富、母乳全价营养优势，逐步推广牦牛放牧加补饲产肉的生产新模式。

三、本品种选育技术方案

1. 技术路线　甘南牦牛实行“以本品种选育为主线，以选种选配为手段，提高个体生产繁殖性能为目的，采用活体保种为主”的技术路线。坚持肉用的选育方向，建立甘南牦牛繁育体系，提高甘南牦牛生产性能。

2. 种牛选择

（1）公、母牦牛的选择标准　种公牦牛应该来自选育核心群或核心群经产母牦牛的后代，对其父本的要求是：体格健壮，活重大，强悍但不凶猛，额头、鼻镜、嘴、前胸、背腰、尻都要宽，颈粗短、厚实，肩峰高、长，尾毛多，前肢挺立，后肢支持有力，阴囊紧缩，毛色全黑。母牦牛的选择应当着重于繁殖力，初情期在4～5岁及以上而不受孕者、连续3年空怀者、母性弱不认犊牛者都应及时淘汰。种用公牦牛符合《甘南牦牛》（NY/T 2829—2015）一级以上公牦牛的标准，种用母牦牛符合《甘南牦牛》（NY/T 2829—2015）二级以上母牦牛的标准。

（2）种公牦牛的选择步骤

①初选　在断奶前进行，一般从2～4胎母牦牛所生的公犊牛中选拔。按血统和本身的状况进行初选，选留头数比计划多出1倍。血统一般要求审查到三代，特别对选留公犊牛的父、母品质要进行严格审查。本身的表现主要看外貌和日增重。牧民选留公牦牛是“一看根根，二看本身”，可见初选中血统状况是首要的依据。对初选定的公犊牛要加强培育，在哺乳和以后的饲养管理方面给予照顾，并定期称重和测量有关指标，为以后的选留提供依据。

②再选　在18月龄时进行，主要按本身的表现进行评定。对优良者继续加强培育；对劣者特别是生长发育缓慢者，且具有严重外貌缺陷的应去势育肥或淘汰。

③定选　在3岁或投群配种前进行。最好由畜牧技术人员、放牧员等组成小组共同评定，即进行严格的等级评定。定选后的种公牦牛按等级及选配计划可投群配种，如发现缺陷（配种力弱、受胎率低或精液品质不良等）可作淘汰处理。对本品种选育核心群的公牦牛，要严格要求，进行后裔测定或观察其后代品质。

（3）母牦牛的选择步骤　对进入选育核心群的母牦牛，必须严格选择（步骤基本同公牦牛）。对一般的选育群，主要采取群选的方法。

①拟订选育指标，突出重要性状，不断留优去劣，使群体在外貌、生产性能上具有较好的一致性。

②每年入冬前对牛群进行一次评定，大胆淘汰不良个体。

③建立牛群档案，选拔具有该牛群共同特点的种用公牦牛进行配种，加速群选工作的进展。

3. 选种选配　选种是指选择基因型优秀的个体进行繁殖，以增加后代群体中高产基因的组合频率。牦牛生产是在群体规模上进行的，从生物学特性和经济效益考虑，对种公牦牛应注重积极的选种，对母牦牛除本品种选育核心群外，一般则采取消极的淘汰。

（1）系统选育　甘南牦牛具有共同的基因库（特定繁殖体内基因的总和），基因库中的有利基因或有价值的基因组合，不可能存在于一两个优良个体中，而是存在于整个群体中。要保存优良基因库不丢失，首要措施就是确保有一个足够数量的群体。系统选育，就是通过选育，在一个系统内无论哪个个体，在遗传上十分相似，由相互有亲缘关系的个体组成群体，即个体间存在遗传上的相似性，进一步达到遗传上的一致性。

（2）核心群繁育方法　核心群、选育群把选择交配和随机交配（自然交配）有机地结合起来，既保持二者的优点，又避免二者可能发生的缺陷。核心群随机交配，即对任何公、母牦牛间的交配机会不予人为限制。核心群的公、母牦牛应进行严格选择、淘汰，使其具有甘南牦牛应具有的一两项或多项优良性状。这种在选择基础上的随机交配，使群内每一项优良性状都具有各种组合的机会，可以更好地将优良性状集中起来，有利于保种和提高选育效果。

有目的地适度近交，能促使基因纯合（提纯）。近交加选择，可以达到保种和提高的双重目的。但近交也产生隐性基因重新组合的不良性状，如体质减弱、繁殖力低下、生产及生活力下降、死胎和畸形胎增多等。因此，近交应有目的地慎重或适度使用，既尽量增加群体基因的纯合度，又要防止出现近交衰退现象。每年秋末组织有关专业技术人员对核心群牛只进行品质鉴定，登记造册，调整或淘汰公、母牦牛和对选育群牛只鉴定整群，提高选种选配的质量。

四、繁育技术体系的建立

甘南牦牛以肉用选育方向为主，应用本品种选育技术，进行优良性状基因的选优提纯工作、优良性状的科学组合、纯化固定工作，最终通过优良基因的选优提纯、科学选种选配、纯种繁育、定向培育、科学饲养等技术措施，从体型外貌、体质类型、生长发育、繁殖性能、性状遗传和种用价值6个方面全面开展对甘南牦牛的系统选育，在达到规定的基因纯合率后，将个体所具有的优良性状、性能及时转化为群体所共有，全面实现纯化后甘南牦牛品种的提纯复壮和品种资源的科学保护。

1. 选育牛群的建立　选择的基础牛群，应具有明显的品种特征特性及达到选育目标的遗传基础，双亲性能良好、体质健壮、血统清楚、无传染病、性器官发育正常。母牛重点选择繁殖性状、犊牛成活率高，公牛以育肥性状和屠宰性状为主。

2. 选育方法　后备公牦牛分三步选留断奶前初选、选留的头数比计划的多出1倍；1.5～2岁再选，对劣势或具有严重缺陷的淘汰；3岁或投群配种前定选。落选者一律阉割，定选的公牛作为种公牛，在配种季节送到母牛群中竞配，能力弱者淘汰。母牦牛的选择着重于繁殖力，初情期超过4～5岁而不受孕者、连续3年空怀者、母性弱不认犊者都应及时淘汰。

3. 三级繁育体系建设

（1）核心群　按照优中选优、选留培育的原则，建立甘南牦牛选育核心群，并配套实施暖棚培育、冬季补饲技术。在玛曲县阿孜畜牧科技示范园区通过调整畜群结构组建甘南牦牛基础母牛选育核心群和种公牛选育核心群，培育符合甘南牦牛品种标准的后备种公牛，用于种公牛置换与血液更新。在碌曲县李恰如种畜场，组建甘南牦牛基础母牛选育核心群及牧户管理选育群，开展甘南牦牛选育。

（2）扩繁群　对甘南牦牛选育核心群外的玛曲县、碌曲县等具有一定规模的牦牛养殖专业合作社及卓尼县良种繁殖场，开展甘南牦牛选种选配，置换种公牛，加强选育，改良牦牛品质，突出甘南牦牛数量，提高牦牛生产性能。

（3）商品生产群　在合作市、夏河县及半农半牧的临潭县等地牦牛数量较多的一般牧户或生产规模较小的合作社或专业养殖户组建甘南牦牛商品生产群，以增加经济效益为主，开展品种改良，生产杂种牛，实施牦牛短期放牧育肥或补饲育肥，适时出栏，提高牦牛商品率。

4. 繁育体系配套措施

（1）调整畜群结构　依据甘南藏族自治州牦牛生产实际情况，在玛曲县阿孜畜牧科技示范园区、碌曲县李恰如种畜场调整选育核心群畜群结构，基础母牛占65%、公牛占15%、犊牛占20%；建立牦牛放牧管理技术，实现牦牛对放牧地利用的时间和空间上的通盘安排。

（2）优化生产模式　根据生产需要，选育核心群成年公、母牦牛比例为1∶(20～25)，基本形成7—9月发情配种，翌年3—6月分娩产犊；10—12月调整畜群结构，采取放牧＋补饲等措施提高6月龄、18月龄牦牛增长速度，加大出栏力度，增加经济效益。通过项目示范带动，牦牛出栏率达40%。

（3）加强基础条件建设　为了更好地开展牦牛选育工作，跟踪测定甘南牦牛生产性能，对玛曲县阿孜畜牧科技示范园区基础设施条件进行改善，修补棚圈，并加固保定围栏。同时，示范推广燕麦与豌豆混播技术，为牦牛安全越冬及补饲提供饲草料条件。

五、本品种选育效果

甘南牦牛的本品种选育主要是采取牦牛本类群内的选种选配，逐步提高其肉、乳性能或经济性状，逐步改善体型、外貌方面的缺陷，使甘南牦牛向专门化的生产方向发展，或通过选育成为高产的品种。1976年5月，甘南州科技局、甘南州畜牧站、玛曲县畜牧兽医站制定方案，协助建立了阿万仓牦牛选育场和尼玛乡沙合大队牦牛本品种选育群，筛选7头优良公牦牛，开展了甘南牦牛的本品种选育。

甘南州河曲马场利用20年的时间开展了甘南牦牛的本品种选育，结果表明，选育群体的繁活率为68.73%，比一般群体的59.61%提高了9.12%，差异显著，经选育的牦牛群体型整齐，均匀一致，多数被毛为黑色，全黑者占90.6%、黑白花及杂色占9.4%。选育群体1～4岁公、母牦牛的体斜长、体高、胸围、管围4项体尺和体重均大于一般群体，屠宰率也显著提高。甘南州玛曲县阿万仓牦牛选育场通过本品种选育技术使甘南牦牛群体阉牦牛平均宰前活体重达到300.10 kg，胴体重149.96 kg，净肉重112.15 kg，骨重37.73 kg，屠宰率49.89%；母牦牛平均宰前活体重249.75 kg，胴体重116.44 kg，净肉重85.09 kg，骨重31.35 kg，屠宰率46.64%。

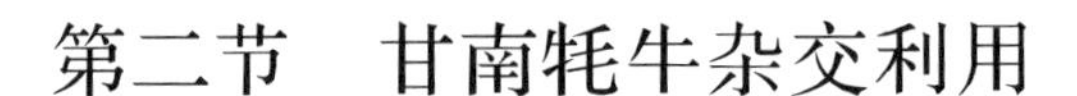

第二节　甘南牦牛杂交利用

甘南牦牛本种选育工作开展了多年，虽然选育出一些较好的地方牦牛类群，但由于品种原始、生产条件较差、群体内近交程度较高等原因，本种选育进展速度缓慢。因此，开展甘南牦牛杂交改良便成为提高甘南牦牛生产性能的一项重要措施。

一、杂交利用目标

杂交改良是引进外来优良遗传基因的唯一方法，是克服近交衰退的主要技术手段。另外，杂交还能将多品种的优良特性结合在一起，创造出原来亲本所不具备的新特性，增强后代的生活力。开展牦牛与普通牛的种间杂交，是提高牦牛业生产性能和经济效益的重要途径。

二、杂交利用技术方案

1. 杂交亲本的选择

（1）杂交父本的选择

①应选择与甘南牦牛分布地区距离较远，来源差别较大，类型、特点不同，基因纯合程度较高的牦牛品种。

②参与杂交的品种（系）必须具有本品种（系）的特征、特性，品种来源清楚，血统记录齐全。

③杂交父本体型、外貌和生产性能均应符合本品种的种用牛特级标准或一级标准。

（2）杂交母本的选择　在甘南牦牛的杂交改良中，以甘南牦牛为母本，用于杂交的母牦牛应符合《甘南牦牛》（NY/T 2829—2015）中规定的甘南牦牛二级以上母牦牛的标准。

2. 引种

（1）引进种牦牛要严格执行《种畜禽调运检疫技术规范》（GB 16567—1996），不得从疫区引种和购牛。

（2）引进的种牦牛应在隔离舍（区）内饲养，观察期为30 d。严格按《种畜禽产地检疫规范》（GB 16549—1996），种牦牛经当地动物防疫监督机构检疫合格后方可用于生产。

3. 饲养管理　改良后代牛的饲养管理应符合《牦牛饲养技术规程》（DB 62/T 1350）的要求。

三、推荐适用改良的公牛品种

在甘南牦牛杂交改良过程中，主要利用的公牛品种有大通牦牛及野血牦牛、荷斯坦牛、娟姗牛、中国草原红牛、“荷×黄”F_1代牛、“西×黄”F_1代牛。

1. 大通牦牛及野血牦牛　大通牦牛体格高大，头大角粗；鬐甲高而较长、宽，前肢短而端正，后肢呈刀状；体侧下部密生粗毛或裙毛；尾短，尾毛长而蓬松。公牦牛头粗、重，呈长方形，颈短、厚且深；睾丸较小，接近腹部，不下垂。母牦牛头长，眼大而圆，额宽，大部分有角；颈长而薄；乳房小，呈碗状，乳头短小，乳静脉不明显。被毛毛色为黑褐色，嘴唇、眼眶周围和背线处的短毛多为灰白色或乳白色。外貌具有明显的野牦牛特征。

大通牦牛是以野牦牛作为育种父本，经过驯化野牦牛采精、制作冷冻精液、采用人工授精技术，生产具有强杂种优势含1/2野牦牛基因的杂种牛，再通过组建育种核心群、适度近交、进行闭锁繁育、强度选择与淘汰，培育出产肉性能、繁殖性能、抗逆性能远高于家牦牛的体型外貌、毛色高度一致、遗传性能稳定的牦牛新品种。大通牦牛生长发育速度较快，初生、6月龄、18月龄体重比原群体平均提高15%～27%；牦牛越冬死亡率小于1%，比同龄家牦牛越冬死亡率降低4个百分点；繁殖率较高，初产年龄由原来的4.5岁提前到3.5岁，经产牛为三年两胎，产犊率为75%；抗逆性与适应性较强，觅食能力强，采食范围广。利用大通牦牛种牛本交和冻精人工授精是改良甘南牦牛的有效途径之一。

1987—1989年甘肃省畜牧技术推广总站、夏河县畜牧兽医工作站共同合作，分别在佐盖多玛、佐盖曼玛、牙利吉3个乡开展牦牛提纯复壮工作。经过几年的试验，授配母牛1 238头，繁殖成活犊牛757头，受胎率76.77%，繁殖成活率60.32%，2周岁平均体重为甘南牦牛的152.38%。夏河县和碌曲县李恰如牧场在1987年先后从青海省大通牛种牛场引进半血野公牦牛15头，自然交配改良当地家牦牛。

中国农业科学院兰州畜牧与兽药研究所牦牛课题组从20世纪90年代开

始，从青海省大通牛场引进野血牦牛，在甘南州开展甘南牦牛提纯复壮研究，取得了较好的改良效果。项目组将大通牦牛种公牛及冷冻精液推广到合作市佐盖多玛乡，对当地母牦牛进行改良试验，7—9 月配种，翌年 3—5 月产犊后跟踪测定初生、6 月龄、12 月龄牦牛体重、体尺，并与同龄当地牦牛体重、体尺进行比较分析。从表 4－1 中可以看出，杂交改良 F_1 代犊牛体重及各项体尺指标均显著高于当地犊牛。说明杂交 F_1 代比当地犊牛生长发育速度快，改良效果明显。

表 4－1　不同生长发育阶段 F_1 代牦牛体重体尺对比分析

组别	年龄	性别	头数	体重（kg）	体高（cm）	体斜长（cm）	胸围（cm）	管围（cm）
试验组	初生	♂	15	15.65±0.57	57.28±2.12	52.25±2.35	61.80±3.18	9.06±0.89
		♀	14	14.36±1.56	56.23±3.64	50.97±2.69	59.21±3.49	8.47±1.13
	6 月龄	♂	12	87.15±5.97	90.61±7.09	89.45±8.34	112.46±7.31	12.67±1.23
		♀	12	84.42±6.02	87.86±5.96	87.27±4.83	112.09±6.25	12.06±1.26
	12 月龄	♂	9	93.23±6.19	92.57±5.35	96.65±5.91	118.62±9.54	14.18±1.13
		♀	11	90.47±7.02	90.64±5.08	93.89±6.46	116.67±10.19	13.45±0.98
对照组	初生	♂	15	10.45±1.17	49.61±3.25	43.41±3.22	51.23±3.24	8.05±0.68
		♀	18	9.52±0.98	48.23±4.46	43.38±3.46	50.42±2.48	7.93±1.04
	6 月龄	♂	12	80.61±7.79	80.73±6.57	82.14±5.16	104.25±6.54	11.53±1.34
		♀	11	78.45±.7.12	75.95±5.42	80.03±4.76	101.07±8.54	11.01±1.29
	12 月龄	♂	10	84.52±5.96	84.83±5.11	84.62±5.66	110.13±5.68	13.22±1.05
		♀	10	80.09±6.53	82.34±4.35	82.89±6.13	107.64±6.03	12.21±0.82

注：试验组 F_1 代为大通牦牛（♂）×甘南当地牦牛（♀），对照组 F_1 代为甘南当地牦牛（♂）×甘南当地牦牛（♀）。

从表 4－1 可以看出，试验组、对照组犊牛从出生到 6 月龄生长发育速度快、6～12 月龄发育速度缓慢，充分说明在 3—5 月产犊后的半年内，犊牛在吮吸母乳及吃青绿草时期生长发育速度快，10 月至翌年 4 月枯草期牦牛生长发育速度相对缓慢。因此，对犊牛初选后，在 10—12 月适时出栏屠宰生产犊牛肉是提高牦牛养殖经济效益的途径之一。杂交一代体格健壮、紧凑、骨骼粗壮结实。头较家牦牛大、眼大有神，有角者居多，角质呈黑色，唇薄、鼻孔较家牦牛大，呈现向外向上的方向。头、颈结合良好，胸深较好，体躯矩形，尾大，毛长且蓬松，全身被毛密厚，腹侧裙毛密而长，黑色者居多。杂交一代性情活泼、行动敏捷，力量比家牦牛大，自出生至相当一段时间，稍有野性。在高寒、阴湿的生态环境及放牧的饲养管理条件下，有较强的适应性，生长发育良好。表明大通牦牛适合于在甘南高寒牧区推广利用。

郭淑珍等（2005）引进3/4野血牦牛细管冻精和1/2野血公牦牛进行了杂交改良甘南牦牛试验。结果表明，人工授精牦牛的受胎率为78.79%，比当地对照群高13.57个百分点，比自然交配群高1.01个百分点；繁殖率为67.68%，比当地对照群高6.81个百分点，比自然交配群高4.72个百分点；繁殖成活率为59.60%，比当地对照群高11.77个百分点，比自然交配群高5.28个百分点。自然交配群受胎率比当地对照群高12.56个百分点；繁殖率比当地对照群高2.09个百分点；繁殖成活率比当地对照群高6.49个百分点。人工授精牦牛的公、母犊牛平均初生重分别为15.63 kg和14.92 kg，分别比当地对照群牦犊牛重2.28 kg和2.05 kg，增重率分别提高17.08%和15.93%，差异极显著。自然交配群公、母犊牛平均初生重分别为14.86 kg和14.08 kg，分别比当地对照群公、母牦犊牛重1.51 kg和1.21 kg，增重率分别提高11.31%和9.40%。

甘南州畜牧兽医研究所和甘肃农业大学动物科学技术学院课题组在2007—2010年引入大通牦牛种公牛50头，冻精3 000枚，采用本交及人工授精相结合的方法，在甘南州玛曲县改良甘南牦牛2 700头，抽样观测大通牦牛改良后代生长及生产性能，以确定改良效果。结果表明，大通牦牛改良甘南牦牛，后代体重增加效果显著，妊娠母牦牛加强饲养与传统饲养，改良后代公、母犊牛的初生重和6月龄体重均高于甘南牦牛纯繁后代。其中，妊娠母牦牛加强饲养时后代公、母犊牛初生重分别比纯繁后代提高了43.08%和40.10%，6月龄体重分别提高了34.67%和36.58%；妊娠母牦牛传统饲养时，后代公、母犊牛初生重分别比纯繁后代提高了19.43%和22.26%，6月龄体重提高了14.66%和16.85%。

2. 荷斯坦牛　荷斯坦牛是纯种荷兰牛与本地母牛的高代杂种经长期选育而成的，也是我国唯一的乳用牛品种。成年公牛体重达1 000 kg以上，成年母牛体重为500～600 kg，初生重一般在45～55 kg。泌乳期305 d第一胎产乳量5 000 kg左右，优秀牛群泌乳量可达7 000 kg。少数优秀者泌乳量在10 000 kg以上。母牦牛性情温顺，易于管理，适应性强，耐寒不耐热。

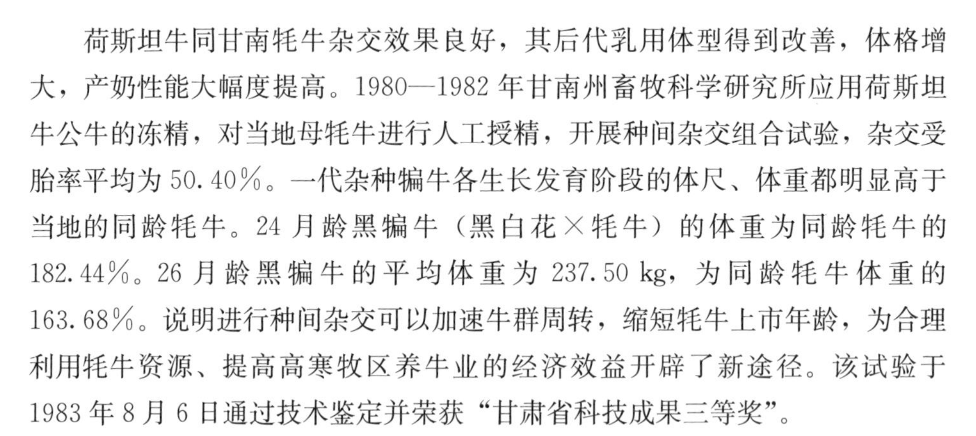

荷斯坦牛同甘南牦牛杂交效果良好，其后代乳用体型得到改善，体格增大，产奶性能大幅度提高。1980—1982年甘南州畜牧科学研究所应用荷斯坦牛公牛的冻精，对当地母牦牛进行人工授精，开展种间杂交组合试验，杂交受胎率平均为50.40%。一代杂种犏牛各生长发育阶段的体尺、体重都明显高于当地的同龄牦牛。24月龄黑犏牛（黑白花×牦牛）的体重为同龄牦牛的182.44%。26月龄黑犏牛的平均体重为237.50 kg，为同龄牦牛体重的163.68%。说明进行种间杂交可以加速牛群周转，缩短牦牛上市年龄，为合理利用牦牛资源、提高高寒牧区养牛业的经济效益开辟了新途径。该试验于1983年8月6日通过技术鉴定并荣获“甘肃省科技成果三等奖”。

3. 娟姗牛　娟姗牛是主要乳用牛品种中最小的品种之一。与其他品种相比，该品种耐热性强并以其采食性好，乳脂率、乳蛋白率较高而著称。娟姗牛耐粗饲，体型小，头小而清秀，额部凹陷，两眼突出，乳房发育良好，毛色为不同深浅的褐色。成年公牛体高123～130 cm，体重500～700 kg；成年母牛体高111～120 cm，体重350～450 kg。一般年平均产奶量3 500 L，平均乳脂率5.5%～6%，乳脂色黄而风味好。娟姗牛性成熟早，一般15～16月龄便开始配种，但较耐热。

用娟姗牛杂交改良甘南牦牛，生产良种犏牛，可以提高个体产奶量和奶品质。用娟姗牛改良的牦牛，其后代的生长发育速度及产奶量明显高于牦牛，犏母牛1.5岁可发情配种，比牦牛提早2年。与荷斯坦牛冻精配种相比，娟姗牛冻精配种繁殖成活率提高了2.96个百分点。娟犏牛的初生体重为15.55 kg，比本地牦牛提高20.54%，比荷犏牛低30.9%。6月龄娟犏母牛的体重达到104.39 kg，比牦牛提高了75.12%，体高、体长和胸围分别提高了11.47%、20.66%和12.19%。18月龄娟犏母牛的体重达到140.4 kg，比牦牛提高52.34%，体高、体长和胸围分别提高5.1%、20.87%和10.27%。娟犏母牛2.5岁即可产犊挤奶。每天早上挤奶一次，初胎牛6～9月挤奶量达571.25 kg；与同胎次当地牦牛相比，挤奶量增加3.2倍；与同胎次荷犏母牛相比，挤奶量低16%。

4. 中国草原红牛　中国草原红牛主要产于吉林白城地区、内蒙古昭乌达盟、锡林郭勒盟及河北张家口地区，目前总头数达14万头。中国草原红牛的适应性强，耐粗饲，夏季可完全依靠放牧饲养；冬季不补饲，仅靠采食枯草仍可维持生存。对严寒、酷热气候的耐受力均较强，发病率较低。其肉质鲜美、细嫩，为烹制佳肴的上乘原料。成年公牦牛体重700～800 kg，成年母牦牛体重450～500 kg，犊牛初生重30～32 kg。据测定，18月龄的阉牛，经放牧育肥，屠宰率为50.8%，净肉率为41.0%。经短期育肥的牛，屠宰率可达58.2%，净肉率达49.5%。在放牧加补饲的条件下，平均产奶量为1 800～2 000 kg，乳脂率4.0%。

用中国草原红牛公牛杂交改良甘南牦牛，生产良种犏牛，可显著提高个体产肉性能。杨勤等（2007）报道，中国草原红牛与甘南牦牛自然交配，繁殖成活率达46.99%，比用黑白花奶牛冻精人工授精生产犏牛提高10.84%，比当地黄牛杂交甘南牦牛提高6.99%。繁殖的草犏牛杂种优势明显，初生重大，公、母犊初生重分别为21.41 kg和20.52 kg，比甘南牦牛增加8.20 kg和7.33 kg，比土犏牛增加6.06 kg和5.55 kg（$P<0.01$）。生长发育快，18月龄时公、母体重分别为184.43 kg和178.67 kg，比甘南牦牛增加62.76 kg和61.01 kg，比土犏牛增加52.94 kg和52.68 kg，杂种优势率达6.99%。

第三节　甘南牦牛良种登记

一、良种登记的概念

牦牛良种登记是建立在品种登记基础上的高级登记，即在品种登记的基础上，还要登记生产性能测定和遗传评估结果，将符合良种标准的个体牦牛登记注册。良种登记是选择种母牛的依据和培育种公牛的基础，可进行科学的综合遗传评定，准确选择良种。

二、登记的内容

登记的内容如下：

（1）出生日期、初生重、原产地、当前所在地、牛只彩色照片。

（2）在建立完整的三代系谱记录条件许可的情况下，登记牛只提供血液样本，供DNA指纹图谱测定，以备进行牛只身份验证。

（3）生产性能记录包括各胎次产奶量、乳脂率、乳蛋白率、各胎次泌乳天数、体型外貌线性评分等。登记牛只生产性能记录应定期上报。

（4）繁殖记录包括各年龄段体重、体尺、各胎次配种日期、与配公牦牛、干奶日期、产犊日期、牦犊牛性别等。繁殖记录应定期上报。

三、基本信息采集

1. 系谱记录　系谱是最重要的育种资料，牛场应建立统一的格式，记录要及时、准确，有专人负责和保管，主要包括以下信息：

（1）牛只出生日期、初生重，于牦牛出生当日测定填写。

（2）牛只出生地、毛色特征（描图或照片）、来源、近交系数等基本情况。

（3）血统记录应有三代亲本牛号和父亲育种值，母系至少有第一胎、最高胎次产奶量和乳脂率。

（4）不同发育阶段的体尺、体重、体型外貌鉴定结果等。

（5）生产性能记录。

（6）检疫情况。

2. 繁殖记录　牦牛自初情期开始应建立繁殖档案或繁殖卡片，就以下内容进行详细记录。

（1）发情记录　记录每次发情日期、发情开始时间、发情持续时间、性欲表现、阴道分泌物等。

（2）配种记录　记录配种日期、配种次数、与配公牦牛编号、输精时间、输精量、生殖系统健康状况等。

（3）妊娠检查记录　记录妊娠检查日期、结果、处理意见、预产期、干奶期等。

（4）流产记录　记录母牦牛流产日期、配种日期、与配公牦牛编号、妊娠月龄、流产类型、流产后子宫状况、处理措施，以及流产后第一次发情日期、第一次配种日期、妊娠日期等。

（5）产犊记录　记录胎次、与配公牦牛编号、母牦牛产犊日期、母牦牛分娩情况（顺产、接产、助产）、胎儿情况（正常、双胎、死胎、畸形胎）、胎衣情况、恶露排出情况、犊牛情况（性别、编号、初生重）。

（6）产后监护记录　记录分娩日期、检查日期、检查内容、临床状况、处理方法等。

四、记录档案

在牦牛业中，如果没有正确、细致的各项记录，则正确的饲养管理和育种工作将无法进行。例如，进行选种选配时，必须有牛只生长发育、生产性能、系谱记载等材料；有了配种记录，才能推算母牛的预产期和犊牛的血统；有了犊牛的体重增长和母牛的体重等记录，才能正确补饲和改进饲养管理工作。只有根据这些记录，才能了解牛只的个体特性，及时发现、分析和解决问题，检查计划任务的执行和完成情况。

甘南牦牛常用育种资料及记录内容见表4-2。

表4-2　甘南牦牛常用育种资料及记录内容

序　号	育种资料	记录内容
1	种公牛和种母牛卡片	牦牛编号或良种登记号；出生地和日期；体尺、体重、外貌结构及评分；后代品质；公牛配种记录，母牛产奶性能及产犊成绩、鉴定成绩等；公牛、母牛照片等
2	母牛配种繁殖登记表	母牛发情、配种、产犊等情况与日期
3	犊牛培育记录表	犊牛的编号；初生日期和初生重；毛色及其他外貌特征；各阶段生长发育情况、鉴定成绩等
4	牛群饲料消耗记录表	每头牛或全群每天各种饲草料消耗数量等
5	牛群变动报表	增加数、减少数、结存数等

1. 种牛卡片　凡提供种用的优秀甘南牦牛公牛、母牛都必须有种公牛卡片和种母牛卡片。卡片中包括种牛本身生产性能、鉴定成绩、系谱、历年配种产犊记录和后裔品质等内容。

甘南牦牛种牛卡片（正面）

品种个体号________________　登记号________________

出生日期________　性别________　出生时母亲月龄

单（双）犊____________________________

种牛性能

指标	初生	6月龄	18月龄	30月龄	4岁	5岁
体高（cm）						
体长（cm）						
胸围（cm）						
尻宽（cm）						
体重（kg）						

亲、祖代品质及性能（背面）

代别	个体号	产犊	等级	体高（cm）			体重（kg）			繁殖成绩
				6月龄	18月龄	30月龄	6月龄	18月龄	30月龄	
父亲										
母亲										
祖父										
祖母										
外祖父										
外祖母										

后裔表现

儿子：	女儿：

留（出）场日期　年　月　日

场技术负责人（签字）

2. 个体鉴定记录　见表4-3。

表4-3　牦牛个体鉴定记录

序号	品种	牛号	性别	年龄	体型外貌	体重（kg）	损征失格	等级	备注

鉴定时间：　年　月　日　　　鉴定员：　　　记录员：

3. 牦牛配种记录　见表4-4。

表4-4　牦牛配种记录

序号	配种母牛			与配公牛			配种日期				分娩		生产犊牛			备注
	品种	牛号	等级	品种	牛号	等级	第一次	第二次	第三次	第四次	预产期	实产期	犊牛	牛号	性别	

登记员　　　技术员

4. 牦牛产犊记录　见表 4－5。

表 4－5　牦牛产犊记录

序号	品种	犊牛						母牛			公牛耳号	犊牛出生鉴定					备注
		耳号		性别	单双胎	出生日期	出生重（kg）	品种	耳号	等级		体型结构	体格大小	被毛同质性	毛色	等级	
		临时	永久														

登记员　　　　　　　　　　　　　　鉴定员

5. 牦牛群补饲饲草饲料消耗记录　见表 4－6。

表 4－6　牦牛群补饲饲草饲料消耗记录

品种　群别　性别　年龄

供应日期	精饲料（kg）					粗饲料（kg）					多汁饲料（kg）					矿物质饲料（kg）					备注
					总计					总计					总计					总计	

登记员　　　　　　　　　　　　　　技术员

6. 牛群变动月统计　见表 4－7。

表 4－7　牛群变动月统计报表

管理牧工姓名	上月底结存数	本月内增加				本月内减少					本月底结存数	合计
		调入	购入	繁殖	合计	死亡	调出	出售	宰杀	合计		

报出日期负责人　　　　　　　　　　技术员

第五章
甘南牦牛品种繁殖

第一节　生殖生理

一、公牦牛的生殖生理

公牦牛生殖器官由睾丸、附睾、阴囊、输精管、精索、副性腺、尿生殖道和外生殖器组成。公牦牛的生殖器官除阴囊较紧缩和皮肤多毛，同其生存的寒冷环境相适应外，其解剖组织学结构同其他牛种相比无大的差异。

1. 睾丸　睾丸是产生精子和雄性激素的器官。成对的睾丸分布于阴囊的2个腔内。公牦牛的睾丸小而紧缩，几乎贴于腹壁。据测定，牦牛2个睾丸的重量180～512 g。牦牛的睾丸呈长卵圆形，实质呈红黄色，用手指按压睾丸表面有弹性，质地较坚实。

2. 附睾　附睾是贮存精子和促进精子成熟的场所。位于睾丸的附睾缘，可分为附睾头、附睾体和附睾尾三部分组成。附睾头紧贴睾丸头端和睾丸游离缘的上1/3部，由睾丸输出小管弯曲盘绕而成，输出小管最终汇集成一条盘曲的附睾管。附睾管长11.2～14.6 cm，构成附睾体和附睾尾，管的末端急转向上，移行成输精管。附睾体沿睾丸的附睾缘下行。附睾尾非常发达，并与睾丸尾端紧密相连且略向后突出。在胚胎时期，睾丸和附睾均在腹腔内，位于肾脏附近。出生前后，二者一起经腹股沟管下降至阴囊，此过程称睾丸下降。如有一侧或双侧睾丸未下降到阴囊内，称单睾或隐睾，无生殖能力，不宜作种公牛用。

3. 阴囊　阴囊位于两股部之间，呈袋状的皮肤囊，容纳睾丸、附睾及部分精索。阴囊上部狭窄称阴囊颈，下面游离称阴囊底。阴囊壁的结构与腹壁相似，由外向内依次为阴囊皮肤、肉膜、精索外筋膜、提睾肌和鞘膜。在生理状况下，阴囊内的温度低于体腔内的温度，有利于睾丸生成精子。阴囊内肉膜和提睾肌通过收缩和舒张调节其与腹壁的距离来获得精子生成的最佳温度。

4. 输精管和精索　输精管是附睾管的延续，为运送精子的管道，管壁厚、硬而呈圆索状，牦牛输精管长 70～78 cm。由附睾尾进入精索后缘内侧的输精管褶中，经腹股沟管上行进入腹腔，随即向后上方进入盆腔，末端与精囊腺导管汇合成射精管开口于精阜。

精索是包有睾丸血管、淋巴管、神经、提睾内肌及输精管的浆膜褶，呈扁圆锥形，其基部附着于睾丸和附睾，入腹股沟管向腹腔行走，上端达鞘膜管内口。牦牛精索长 20～24 cm。

5. 副性腺　副性腺包括精囊腺、前列腺和尿道球腺，其发育程度受性激素的直接影响。幼龄去势的动物，腺体发育不充分，性成熟后摘去睾丸，则腺体逐步萎缩。副性腺的分泌物有稀释精子、营养精子及改善阴道环境等作用，有利于精子的生存和运动。

6. 尿生殖道与外生殖器　阴茎为公畜的交配器官，平时柔软，隐藏于包皮内，交配时勃起，伸长并变得粗硬。阴茎由阴茎海绵体和尿生殖道阴茎部构成。牦牛阴茎长 65～76 cm，可分为阴茎根、阴茎体和阴茎头。牦牛的阴茎体在阴囊的后方形成 S 状弯曲，勃起时伸直。阴茎头长 7.5～8.3 cm。尿道兼有排精的作用，故称尿生殖道，可分为盆部和阴茎部（海绵体部）。尿生殖道管壁包括黏膜、海绵体层、肌层和外膜。黏膜有许多皱褶，海绵体层主要为静脉血管迷路膨大而形成的海绵腔，当海绵腔内骤然充满血液时，整个海绵体膨大，尿生殖道的管腔张开，给精液造成自由的通路。尿道肌具有协助射精和排出余尿的作用。

二、母牦牛的生殖生理

母牦牛生殖器官由卵巢、输卵管、子宫、阴道、外生殖器组成。母牦牛的生殖器官与奶牛相比，有明显差别。

1. 卵巢　卵巢有 1 对，是产生卵细胞和分泌雌性激素的器官，即分泌雌激素以促进或抑制其生殖器官及乳腺的发育和排卵。牦牛卵巢以体表部位估测，约在臀斜长线的中点，即髂部。卵巢系于子宫阔韧带前部的卵巢系膜边缘。卵巢后端以卵巢固有韧带与子宫角相连；前端连输卵管伞，卵巢位于骨盆前口的两侧、子宫角起始部及上方。未怀过孕的母牦牛，卵巢多位于骨盆腔内，在耻骨前缘两侧稍后。经产母牦牛的卵巢则位于耻骨前缘的前下方。卵巢系膜较细小、紧缩，游离度小，因而卵巢距子宫角尖近，或紧挨子宫角。牦牛卵巢系膜紧缩，游离度小，直肠触摸时较易触及卵巢；如透过直肠壁用中指、食指轻轻夹住，拇指触摸其大小及其表面状况时，更有“固定不动”之感。牦牛卵巢形如黄豆，卵巢门无凹陷。

2. 输卵管　输卵管是位于卵巢和子宫角之间的1对弯曲管道，长16～21 cm，直径0.4～1.6 mm，有10个以上弯曲。具有输送卵子的功能，是卵母细胞最后成熟、精子获能、受精及卵裂的场所。输卵管左右各1个，包埋于子宫阔韧带外侧层的输卵管系膜边缘里。

3. 子宫　子宫是有腔的肌质器官，壁较厚，胎儿在此发育成长。牦牛的子宫角很发达，子宫体短小，子宫颈宫口几乎临近角间纵隔，子宫颈环很明显。子宫几乎完全位于腹腔内，以子宫阔韧带附着于盆腔前部的侧壁上。子宫的背侧邻直肠，腹侧为膀胱，并与瘤胃背囊和肠管等相接触。母牦牛妊娠时则根据妊娠期的不同，子宫的位置有显著变化。子宫分为子宫角、子宫体和子宫颈三部分。子宫角左、右各1个，牦牛子宫角呈螺旋状弯曲，角间沟部呈水平状位于直肠下方，从角间沟分叉处两角向下、向外、又向后呈圆形弯曲，角尖又转向上或略向前方，一般旋转1周。子宫角长10.54 cm，由基部至尖端逐渐变细，外壁直径，基部4.44 cm、中部3.69 cm、尖端1.19 cm。未孕母牦牛左右子宫角的长度及外壁直径基本一致。牦牛子宫体很短，只有1.68 cm，外壁直径8.82 cm。在妊娠开始，牦牛子宫角增大并向前延伸，使子宫体明显变细；之后随着胎龄的增长，胎儿胎盘在子宫角和子宫体内进一步发育，子宫体则明显变粗、变短。子宫颈是子宫体向后的延续部分，牦牛子宫颈长5.04 cm，直径3.21 cm。颈壁坚实，通过直肠很容易摸到。子宫颈后端伸入阴道口（膣部）1.24 cm，形成子宫颈阴道口，用开膣器打开阴道可清楚地看到如花瓣状的子宫颈阴道口。

4. 阴道　阴道是牦牛交配器官，同时也是分娩的产道。牦牛自子宫颈阴道口到尿道外口两旁的阴瓣，阴道平均长度为16.75 cm，阴道基本呈圆筒形（上下略扁），直径8.87 cm，位于盆腔内，背侧为直肠，腹侧为膀胱和尿道，前接子宫，后连尿生殖前庭。

5. 外生殖器　尿生殖前庭是交配器官和产道，也是排尿必经之路。它是左右压扁的短管，前接阴道，后连阴门。阴门又称外阴，为牦牛的外生殖器，位于肛门下方，以短的会阴与肛门隔开。阴门由左、右阴唇构成，在背侧和腹侧互相连合，形成阴唇背侧连合和腹侧连合。

掌握母牦牛生殖器官的解剖位置、形状及其特点，为进行直肠把握输精和早期妊娠检查提供科学依据。牦牛尽管子宫颈紧缩窄小，但是由于子宫至阴门的距离较短，而且子宫在盆腔内的游离度小，故在进行直肠把握输精操作时反比奶牛省力。进行早期妊娠诊断，检查部位应着重于卵巢和角间沟。牦牛妊娠后孕角卵巢比空角卵巢大 1 倍多，且触摸牦牛卵巢比触摸奶牛容易；牦牛孕后 1 个月，角间沟因子宫角增大而消失，通过直肠检查比较容易触摸到。

三、牦牛性机能成熟与繁殖行为

牦牛繁殖能力的获得是一个渐进的过程，不仅包含着生殖器官的变化，而且是神经-内分泌状态及环境因素等多方面复杂作用的结果。广义上讲，性活动是指牦牛从出生前的性别分化和生殖器官形成到出生后的性发育、性成熟和性衰老的全过程。性活动的狭义概念，是指牦牛出生后与性发育、成熟、衰老有关的一系列生理活动，包括性行为及其调节活动。母牦牛性活动的主要特点是，具有季节性和周期性。

1. 初情期　公牦牛初情期指第一次能够释放出精子的时期，但这一时期在实践上不易判定。公牦牛往往在能够产生精子以前就有初步的性行为。例如，小公牛闻舐母牦牛的阴户，举头绉鼻，有爬跨欲望，阴茎部分勃起，但多数不能发生性行为。母牦牛第一次出现发情表现并排卵的时期，就可认定为初情期。牦牛初情期的长短，受品种、气候、体重和出生季节等的影响。甘南牦牛公牛在 10～12 月龄有明显的性反射，但不能发生性行为。

2. 性成熟　幼年牦牛发育到一定时期，开始表现性行为，生殖器官发育成熟，公牦牛产生成熟精子，与母牦牛交配，使母牦牛怀孕。母牦牛能正常发情排卵并能正常繁殖，称为性成熟。发情是母牦牛繁殖的基础，如果牦牛不发情、不排卵，就不可能配种、妊娠和产犊。

牦牛性成熟的时间，尚无系统、精确的测定。据生产实践中观察，甘南牦牛公牛在 1 岁左右就出现爬跨母牦牛的性行为，但此时没有成熟精子产生，也不能够使母牛受孕。在 2 周岁以上才有成熟精子产生，并能够使母牛受孕。因此，公牦牛的性成熟时间是在2周岁以后。公牦牛的使用年限可达10年左右，配种能力最旺盛的时间是在3～7岁，以后逐渐减弱。对配种能力明显减弱的公牛，应及时淘汰。在自然交配的条件下，1头公牦牛可配15～20头母牦牛。公牦牛嗅觉异常灵敏，能在成百头母牦牛群中迅速找到发情母牛。

母牦牛一般在18～21月龄开始显露性行为，个别营养好的小母牛，13月龄时即有卵泡发育；16月龄出现发情表现，并接受交配。母牦牛一般是3岁时第一次配种。有的个体1.5岁时即出现发情并受配怀孕，也有的个体到3～4岁时才发情受配。

3. 初配年龄　初情期和性成熟期都是生理上的概念，但动物到达性成熟期后，身体仍在生长发育，过早配种既不利于公、母畜本身的发育，又影响其繁殖机能。因此，在实践上提出初配适龄的概念，即适合开始配种的年龄。这要根据个体的发育情况而定，一般说来，在性成熟期稍晚一些，体重达到其成年体重的70%左右开始配种。甘南牦牛平均初配年龄公牛为38月龄，母牛为36月龄。

4. 发情周期与发情季节　牦牛自第一次发情后，到性机能衰退之前。生殖器官及整个有机体便发生一系列周而复始的性的变化，除非发情季节及怀孕期外。如果没有配种或配种后没有受胎，则每隔一定时期便开始下一次发情，周而复始，循环往复。甘南牦牛母牛发情表现不太明显，发情时多不安静采食，泌乳量降低，发情盛期喜近公牛，静待交配。发情周期平均21 d。第一次配种未孕的母牛，在发情季节能重复发情。发情持续期平均为20 h（10～36 h），发情旺季为7—9月，产犊集中于4—6月。两年一胎或三年二胎，一胎一犊。怀孕期一般为250～260 d，平均为256.8 d。

牦牛在发情周期中，由于雌激素和孕激素的交替作用，引起生殖道发生一系列变化。这些变化主要表现在血管系统、黏膜、肌肉，以及黏液的黏稠性和颜色等方面。

在卵泡期的发情前期，由于雌二醇的作用，生殖道的血管开始增生，至发情期第1天达到高峰。子宫肌肉细胞的平均长度在间情期为70～80 μm，而在发情前期、发情期及发情后期为110～128 μm。在生殖道血管和肌肉发生变化的同时，黏膜上皮细胞也发生一系列变化。发情初期，外阴无肿胀；发情期，外阴肿胀，阴道内充血，呈潮红色，有分泌物排出；发情后期，外阴肿胀开始消失，阴道内黏膜呈浅白色，分泌物由透明变为浓稠状。

在乏情季节结束、第一次发情开始之前，会不定期地出现被幼年公牦牛或犏牛追随、母牦牛之间相互爬跨等现象。在发情时，牦牛采食时不安静，相互爬跨，喜欢接近公牦牛。成年公牦牛、公黄牛、犏牛和犏牛紧跟其后，穷追不舍，且频繁交配。在发情后期，成年公牦牛已不再追随，但犏牛和犏牛可能仍跟随 1～3 d；但母牦牛拒绝爬跨，其精神及采食恢复正常。

第二节　甘南牦牛配种方法

一、自然交配

甘南牦牛的配种主要采用自然交配的方法。根据公牦牛的性行为特点，充分利用处于优胜地位公牦牛的竞配能力而达到选配的目的。自然交配时应注意及时淘汰随居优胜地位而配种能力减退的公牦牛。公牦牛配种年龄为 3～7 岁，以 4.5～6.5 岁的配种能力最强，8 岁以后很少能在大群中交配。母牦牛的初配年龄为 36 月龄左右。公、母牦牛的比例以 1∶(15～20) 为宜。

二、人工辅助配种

有条件的地方可采用人工辅助配种，以提高受胎率和进行选配，即当发现发情母牦牛后，将其系留于定居点，用绳捆绑其两肢，套于颈上，左、右用两人牵拉保定，然后驱赶 3 头以上公牦牛来竞配。当母牦牛准确地受配 2 次以后，驱散公牦牛，并将新鲜牛粪涂抹在受配母牦牛臀部，防止公牦牛再次爬跨配种，最后松开绳索。

三、人工授精技术

1. 母牦牛的发情鉴定　母牦牛发情的症状不像普通母牛那样明显。发情初期，母牦牛外阴部略有充血、肿胀，阴道黏膜充血，呈粉红色，这时仅有育成后备公牛追逐，壮年公牛不追逐。母牦牛发情 10～15 h 后逐渐达到发情旺期，精神不安，兴奋，吼叫，食欲减退，母牦牛产奶量下降。阴唇肿胀并有黏液流出，常作举尾排尿姿势，阴户频频扩张，阴道湿润、潮红，引诱公牦牛并接受交配。此后，发情症状逐渐减弱，从阴道流出的黏液变浓，逐渐进入休情期。

2. 母牦牛的输精

（1）发情母牦牛的保定　将发情母牦牛牵入保定架后，拴系和保定好其头部，左右两侧（后躯）各由一人保定，防止牛后躯摆动，保定稳妥后方可输精。如果有专门的保定架，则将母牦牛牵入保定架内，保定其头部、腹部及后躯部，这样输精时会更安全。

（2）输精器材的准备　输精用具在使用前必须彻底洗涤，严格消毒，最后用稀释液冲洗2～3次。玻璃或金属输精器可用蒸汽、用75%酒精或放入高温干燥箱内消毒；输精管不宜高温，可用酒精或蒸汽消毒。输精器在临用前要用稀释液冲洗2～3次。开腔器及其他金属用具洗净后可浸泡在消毒液中，或在使用时用酒精、火焰消毒。输精管以每头母牦牛准备一支为宜。不得已如用同一支输精管时，除用酒精球擦洗输精管外，再用稀释液冲洗才能使用。

现在生产中使用牦牛输精器，都是由卡苏枪演变过来的，其由枪心、塑料一次性套管、无色的一次性长塑料袋组成。枪心的前端可装入细管精液，可更换细管精液和一次性套管。一次性套管对多头母牦牛使用，塑料套管和最外层装入的无色的长塑料袋都是一次性的，每头母牦牛准备一支。

（3）精液的准备　新采取的精液，经稀释后必须进行精液品质检查，合乎输精标准时方可用来输精。常温或低温保存的精液，需要升温到35℃左右，镜检活率不低于0.6；冷冻保存的精液解冻后镜检活率不低于0.3，装入输精器内输精。

（4）输精人员的准备　输精员的指甲须剪短磨光，洗涤擦干，用75%酒精消毒，手臂也应按上法消毒，并涂以稀释液或生理盐水作为润滑剂。

（5）输精要求　适宜输精时间是根据母畜排卵时间并计算进入母畜生殖道内精子获能和具有受精能力时间来决定。在生产实践中，常用发情鉴定来判定适宜输精时间。牦牛的发情期集中在12～24 h，排卵时间大多在发情结束后的12～24 h之内。

牦牛生产上常用外部观察法来鉴定发情，不易确诊排卵的确切时间。因此，在一个情期内采用二次输精，二次输精间隔时间为8～12 h。坚持在母牦牛发情后12～18 h输精，即早上和上午发情的母牦牛当天下午和次日上午输精，下午和晚间发情的母牛翌日上午和下午输精。母牦牛一般是在发情终止后的6～12 h排卵。

输精部位与受胎率有关，牦牛的子宫颈浅部输精比子宫颈深部输精受胎率低。接近排卵时输精最佳，坚持插入子宫颈内 4～5 cm 处输精，这样缩短了精子运行的时间，减少了精子能量的消耗，提高了精子的生命力和受精能力。

（6）输精　母牦牛的子宫颈比普通牛的短，长约 5 cm，子宫颈内壁一般有 3 个大小不等的环状皱裂，即子宫颈环。

将左手伸入肛门把握子宫颈，手掌展开，掌心向下，按压抚摸，隔着直肠在骨盆底部能触摸到一个长约 5 cm 的质地较硬的圆形棒状物，且有环状皱裂，将其后端轻轻固定在手中。呈 45°向上插入输精枪，逐步拧转输精枪，之后呈水平沿阴道壁向前移动，避免进入尿道口和膀胱，继续使输精枪向前，直到枪尖到达子宫颈口。两手相互配合调整方向，使输精枪缓慢穿越子宫颈的环状皱壁，进入子宫颈深部或子宫体，保持把握子宫颈的手，轻轻推动枪塞完全进入枪筒。输精枪不要插得太深，不能将精液送到超过子宫角弯曲部，以免影响精子获能和损伤子宫内膜，影响受精。在不能确认卵泡发育侧时，盲目将精液输得太深，可能使排卵侧无精子而使卵子无法受精，导致配种失败。

输精时要求剂量准确，细管冻精 1 支。解冻后精子成活率在 0.3 以上的精液方可输精。输精要适时，每一个情期输精 2 次，以早、晚各输精 1 次为好。

3. 影响人工授精受胎率的因素　提高受胎率是实行人工授精的重要目的之一，决定受胎率的主要因素有种公牦牛精液品质、母牦牛发情排卵机能、人工授精技术水平、输精时间等几个方面。

（1）种公牦牛精液品质　公牦牛精液品质好坏主要反映在精子活力上，活力强的精子，受精能力可保持较长时间，是促进受精、提高受胎率的先决条件。衰弱的精子不容易存活到与卵子相遇时，或受精后胚胎发育不正常甚至死亡，从而影响受胎率。良好的精液品质，除了遗传因素外，主要是对公牦牛要有合理的饲养管理和配种利用。公牦牛的日粮要注意总营养价值和饲养成分的搭配，其中以蛋白质、微量元素和维生素的供给尤其重要，这是提高精液品质的物质基础，无论数量和质量方面都必须供应充足。此外，适当的运动和日光浴，注意牛舍的清洁卫生，合理安排公牦牛的采精频率，对增强公牦牛体质、提高健康水平、维持生活力也都十分重要。

（2）母牦牛发情排卵机能　母牦牛的发情排卵生理机能正常与否影响卵子

的发生和排出，配子运行、受精及胚胎发育的进行。只有生殖机能正常的母牦牛，才能产生生活力旺盛的卵子，才能把配子运行到受精部位，并顺利经过生理成熟完成受精过程和胚胎发育。而正常的生殖机能有赖于合理的饲养管理，维持母牦牛适当的膘情、改善生活环境、给予适当的户外活动和光照，无疑对母牦牛的发情、排卵、受精和妊娠是重要的。

（3）人工授精技术水平　人工授精技术不当，是造成母牦牛不孕的重要原因之一，清洗、消毒、采精、精液处理、输精等各个环节紧密相连，任何一个环节掌握不好，都可能造成失配或不孕的不良后果。例如，清洁、消毒不严会造成精液污染；采精方法和精液处理不当会引起精液品质下降；发情鉴定技术不良和授精方法不当会影响卵子受精机会。这些都会降低受胎率，或者造成生殖器官疾病而引起不育。因此，严格遵守人工授精技术操作规程，真正做到一丝不苟，不断改进技术水平，是保证提高受胎率的重要因素。

（4）输精时间　只有选择最适宜的时间输精，才能保证活力强的精子和卵子在受精部位相遇，才能提高受胎率。如果输精时间过早，由于卵子尚未排出，精子在母牦牛生殖道停留时间过长而衰老，就会失去受精能力；相反，如果输精过迟，也因卵子排出后不能及时与精子相遇而衰老，丧失受精能力。此外，适当增加配种次数，采用混合精液输精，以及做好早期妊娠检查防止失配，都有助于提高受胎率。

为了及时、准确地检出发情母牛，可用结扎输精管或阴茎移位的公牦牛作试情牛，也可用去势的驮牛为试情牛。但简便、易行的是用一、二代杂种公牛作试情牛。杂种公牛本身无生育能力，不需做手术，且性欲旺盛，判断准确。一般每百头母牛配备 2～3 头试情牛即可。配种开始后，放牧员一定要跟群放牧，认真观察，及时发现发情母牛。母牦牛发情的外部表现不像普通牛那样明显。发情初期阴道黏膜呈粉红色并有黏液流出，此时不接受尾随的试情公牛的爬跨；经 10～15 h 进入发情盛期，才接受尾随试情公牛爬跨，站立不动，阴道黏膜潮红、湿润，阴户充血肿胀，从阴道流出混浊而黏稠的黏液；后期阴道黏液呈微黄糊状，阴道黏膜变为淡红色。放牧员或配种员必须熟悉母牦牛发情的特征，准确掌握发情时期的各阶段，以保证适时输精配种。在实践上，一般是将当日发情的母牛在晚上收牧时进行第一次输精，翌日早晨出牧前再输精一次，晚上发情的母牛翌日早晚各输精一次。

第三节　甘南牦牛妊娠与分娩

一、妊娠

牦牛发情配种后的受胎率，因繁育、配种方式和母牦牛体质、年龄、哺乳状况等不同而差异悬殊。在配种季节，与公牦牛本交的母牦牛群受胎率可达到80%以上，人工授精后由公牦牛本交群配的受胎率在90%以上。采用直肠把握子宫颈深部人工授精简称深部输精，其受胎率比用开腔器常规输精的高。3～6岁已产一胎以上的壮年母牦牛受胎率较高，其中“亚马”最高，“干巴”次之，带仔母牦牛最低，可能与母牦牛的发情率有关。用普通牛冻精输精后，“亚马”“干巴”和带仔母牦牛的受胎率分别为59.7%、45.7%和26.7%。

用野公牦牛与家养母牦牛杂交，平均受胎率为85.82%，明显比家牦牛大群自然繁殖的受胎率高。用野牦牛冻精作属间反杂交（野公牦牛×母黄牛）的受胎率高达71.64%。

母牦牛配种妊娠后，下一个情期即停止发情。左子宫角妊娠的多于右子宫角，孕侧卵巢的体积和重量均大于空侧卵巢，且表面有黄体稍凸。角间沟因妊娠而逐渐模糊不清以至消失。妊娠2个月后孕角显著大于空角，并开始进入腹腔。故用直肠检查法作早期妊娠诊断时，主要依卵巢体积、形状和角间沟变化判断，准确率可达95%以上。

甘南牦牛的妊娠期比普通牛的要短，妊娠期一般为250～260 d，平均为256.8 d，犏牛为270～280 d。

二、分娩

绝大多数甘南牦牛母牛在白天放牧过程中于牧地分娩，而夜间在营地分娩的极少，可能与日照有关。临近分娩时，母牦牛会寻找稍离大群的僻静处，如用洼地、明沟、土坑等作“产房”。分娩时多采取侧卧或站立姿势，产杂种胎儿均取侧卧姿势，因杂种胎儿大，分娩时间长。脐带是在母牛娩出胎儿后站立时自行扯断或站立分娩胎儿下地时扯断，极少发生胎儿脐带炎。犊牛娩出后经母牦牛舔10 min左右即可摇摆着自行站立，随后就企图吃乳，它有一固定的行为链：出生-站立-吃乳-卧，母牦牛母性极强，往往因护仔而主动攻击人，尤其是在分娩不久。若人接近初生犊牛，则极易遭到母牦牛的攻击。这种强烈的护仔行为，对种族延续有重要的生物学意义。母仔间感情的建立，主要靠母牦牛对娩出犊牛的嗅、闻和舔；若娩出后超过10min犊牛仍不给母牦牛嗅、闻和舔，则要建立母仔感情就较困难。尤其是在发生难产时，分娩时间过长，给母牦牛带来不良刺激，母仔感情的建立较难。故母牦牛产杂种犊时，不如产纯种犊有感情和母爱。

牦牛产前典型的征候为乳头基部膨大，阴门先红肿后皱缩，时常举尾，有离群现象。初产母牛分娩前一天停止采食，而经产母牛采食如常。分娩开始时，母牛低声吼叫、起卧不宁，常回头望腹，分娩过程多在30～40 min内完成。犊牛娩出后，母牛不断舔犊牛，犊牛从出生到第一次站立只需20～30 min，一旦站立在4～10 min内就可以找到乳头，吃到初乳。当天归牧时，即可随牛群独立返回，足见生命力之顽强。母牛多在产犊后4～8 h内排出胎衣。犊牛初生重小，平均为11.14 kg，因此很少发生难产。母牦牛分娩时正值春乏阶段，采食胎衣可以补充营养及一些激素等生物活性物质，对于增加泌乳、建立母仔感情等均有积极意义。

产犊季节同牦牛的发情配种季节相联系，影响牦牛发情、配种、受胎的因素也影响产犊季节。甘南牦牛产犊季节较早，3月开产，4、5月较集中（73%），4月最多（39.4%），7、8月很少（4.4%）。杂交繁育群，因发情季节前半期由公黄牛本交或用普通良种公牛冻精配种，后半期才驱入公牦牛本交，相对地推迟了产犊时间。犊牛成活率因出生时间、哺育管理方式和种类不同而差异很大。在产犊季节内过晚出生的（一般为7月以后）因牦牛泌乳期短，犊牛因哺乳期不足而不易成活；而在牧草萌发期出生的，其成活率高。随母哺乳的母牦牛不挤乳或少挤乳，则犊牛的成活率都在90%以上。甘肃夏河调查，母牦牛不挤乳时牦牛成活率为93.7%，若挤乳则犊牛的成活率仅为57.9%。在相同的哺育管理条件下，杂种犊犏牛有较强的生活力，比纯种牦犊牛易成活，往往可全部成活。

第四节　提高甘南牦牛繁殖力的途径

繁殖力是牦牛维持正常繁殖机能、生育后代的能力，是反映牦牛生产水平最重要的指标。不断提高繁殖力，既是发展牦牛生产的关键措施，也是从事牦牛科学研究要解决的重大课题。牦牛的繁殖力受遗传、环境和管理等因素影响，其中环境和管理包括季节、光照、温度、营养、配种技术等。高繁殖力应建立在良好的管理工作之上，促进牦牛生产同生态环境的协调发展，合理的放牧、饲喂、运动或调驯、使役、休息和交配制度等一系列管理措施。而管理不善，不仅会使一些牦牛的繁殖力降低，而且往往会造成牦牛不育。此外，现代生物技术的应用也会提高牦牛的繁殖力。

一、繁殖力的评价指标

表示牦牛繁殖力的指标有很多，现将几项主要指标分述如下。

1. 受配率　受配率是受配母牛数占参配母牛数的比率。在公、母比例合适，公牛配种能力正常的条件下，这项指标取决于母牛的发情率。也可以说，这项指标是反映母牛发情率的指标。受配率可用下式表示：

受配率＝受配母牛数/参配母牛数×100％

2. 受胎率　受胎率是妊娠母牛数占受配母牛数的比率。这项指标是由公牛的质量、精液品质和人工授精技术决定的。受胎率可用下式表示：

受胎率＝妊娠母牛数/受配母牛数×100％

可根据生产、科研和其他需要选择情期受胎率、第一次情期受胎率、总受胎率。其计算方法和结果都不同。

3. 繁殖成活率　是指本年度育成的犊牛数（一般是到 6 月龄）占上年参配母牛数的比率。它是牦牛繁殖的一项综合指标，受配率、受胎率、产犊率和犊牛成活率对这项指标都有影响。

繁殖成活率＝本年度育成的犊牛数/上年参加配种的母牛数×100％

4. 繁殖率　是指本年度内出生犊牛数占上年度终（或本年度初）存栏适繁母牦牛数的百分率，主要反映牦牛群增殖效率。

繁殖率＝本年度内出生犊牛数/上年度终存栏适繁母牦牛数×100％

5. 流产率　是指流产的母牦牛数占受胎的母牦牛数的百分率。

流产率＝流产牦牛头数/受胎牦牛头数×100％

6. 犊牛成活率　是指出生后 3 个月时犊牛成活数占产活犊牛数的百分率。

犊牛成活率＝生后 3 个月犊牛成活数/总产活犊牛数×100％

除此之外，还有空怀率、产犊间隔等，在一定情况下都能反映繁殖力和生产管理技术水平。

二、提高牦牛繁殖力的途径

1. 调优母牦牛群的年龄结构　不同年龄阶段的牦牛繁殖成活率显著不同，因此调整优化母牦牛群的年龄结构是提高繁殖成活率的关键。甘南牦牛一般在3岁左右性成熟，但在传统粗放的饲养管理条件下发育迟缓。为了保证参配母牛群的最大生产能力，应该建立一个科学合理的参配母牦牛群，确定其年龄结构，使参配母牦牛群保持在3～4岁母牦牛占组群总数的20%、5～6岁母牦牛占组群总数的50%、7～8岁母牦牛占组群总数的30%，及时淘汰老弱病残和生产能力低下的母牦牛。

2. 加强选种，选择繁殖力高的优良公、母牦牛进行配种　从生物学特性和经济效益角度考虑，对本种选育核心群或人工授精用的公牦牛，要严格要求，进行后裔测定或观察其后代品质。对选育核心群的母牦牛，要拟定选育指标，突出重要性状，不断留优去劣，使群体在外貌、生产性能上具有较好的一致性。有计划、有目的地选择繁殖力高的优良公、母牦牛进行繁殖，既可提高牦牛的繁殖性能，又可通过不断选种，累积高繁殖力基因，培育出新的类群或品种。

3. 参配母牦牛的饲养管理　选好参配母牦牛并加强饲养管理是提高受配、受胎的关键，参配母牦牛一般从当年产犊的母牦牛、前一年产犊的母牦牛及连续两年以上未产犊的母牦牛群中选择。不同类别母牦牛中，前一年产犊的母牦牛的繁成率最高，比当年产犊的母牦牛、连续两年以上未产犊的母牦牛分别高出33.4和17.4个百分点。另外，当年产犊的母牦牛体况与膘情一般比连续两年以上未产犊的母牦牛和前一年产犊的母牦牛差，这是当年产犊的母牦牛繁成率低的主要原因；连续两年以上未产犊的母牦牛多因持久黄体、子宫内膜炎、卵巢囊肿等胎产疾病导致不发情或只发情不排卵、授配不怀孕等现象较为普遍。因此，在参配母犊牛的管理中要考虑母牦牛的不同类别而加强饲养管理。参配母牦牛宜分群集中饲养放牧，及早抓膘。对连续两年以上未产犊的母牦牛胎产疾病的检查与治疗也是促进发情配种和提高受胎率的重要手段。对于膘情差的参配母牦牛应在发情前2～3周进行补饲，每头每天补饲混合精饲料0.5～0.8kg，时间在早晚放牧前后两次饲喂。经过一段时间的补饲，可促进母牛发情。

4. 配种期的优化管理

（1）种公牛的优化管理　在配种季节，种公牛容易乱跑追寻发情母牛，体力消耗大、采食时间减少，因而无法获取足够的营养物质来补充消耗的能量。因此，为了减少种公牛在配种期间体重的下降及下降速度，使其保持较好的繁殖力和精液品质，每头每天或隔 2d 补饲 0.8～1.2 kg 混合精饲料，如果配种任务繁重，每日可加喂 2～4 枚鸡蛋、0.5 kg 脱脂乳。在自然交配情况下，种公牦牛与参配母牦牛的比例以 1∶20 较佳。

（2）人工授精技术的优化管理　牦牛人工授精技术是实现牦牛快速扩繁的有效措施。因此，在人工授精技术是中要严格按技术规程操作，注意把握好三个主要环节。一是要引进优良品种的冷冻精液，优良牦牛品种的精液是保证受精和早期胚胎发育的重要条件。因此，在生产中对种公牛的选择、饲养管理和使用，都要制定严格的制度。对于精液品质进行检查时，不仅要注意精子的活力、密度，还要作精子形态方面的分析。这种分析既可发现某些只通过一般的活力检查所不能发现的精子形态缺陷，也可借助精液中精子形态的分析，了解和诊断公牛生殖机能方面的某些障碍。在给发情母牦牛输精前要对精液品质做检查，精液色泽和气味正常，精子活力、密度、pH 达到要求方可输精。二是做好发情鉴定。准确的发情鉴定既是选择最佳配种时间的前提，也是提高繁殖效率的重要措施，因此要通过外部观察、公牛试情、直肠检查等方法进行综合判断。三是选择最佳的配种输精时间。母牛适宜授精的时间要在综合发情鉴定的基础上确定，如果一个发情期一次输精，要在母牛拒绝交配后 6～8 h 内进行；若一个情期两次输精，则第一次要在母牛接受爬跨后 8～12 h 进行，间隔 8～10 h 再进行第二次输精。一个情期进行两次输精是防止错配、漏配，提高受胎率的主要措施。老牛、体弱的母牛发情持续期相对缩短，配种时间要适当提前。

5. 犊牛定期断奶并补饲　断奶时间直接影响犊牛的生长发育。断奶时间越早对犊牛的生长发育影响就越大，断奶时间越迟对母牛繁殖的影响就越大。对 3 月龄犊牛断奶后，在枯草期到来之前给予适当的补饲，就不会给犊牛的生长发育造成影响。因此，对 3 月龄犊牛进行断奶可以显著提高母牛的繁殖率。断奶后，对犊牛适当补饲代乳料或精饲料，可满足犊牛断奶后的营养需求。牟永娟等（2015）用代乳料饲喂 45 头甘南牦犊牛实行早期断奶，每头犊牛饲喂量 0.4 kg/d。经过 160 d 试验，试验组母牦牛发情率 26.7%，对照组 8.9%，试验组比对照组增加了 17.8 个百分点，这说明母牦牛带犊可能影响了采食和体能恢复，进而影响了当年发情受配和来年产犊。营养和泌乳是影响母牦牛繁

殖性能的主要因素，由于牦牛繁殖具有明显的季节性，母牛围产期是营养最匮乏的时期，分娩后还要哺育犊牛，体力恢复较慢。因此，带牦犊牛在夏季体况恢复得慢，导致带犊母牛在发情季节不发情，母牛繁殖性能低下，断奶将会有效提高母牦牛的发情率。应用代乳料，在实现牦犊牛早期断奶的同时，延长了母牦牛放牧采食时间，利于母牛产后体况恢复，能有效提高母牦牛的繁殖性能。

6. 加速对新繁殖技术的试验研究和推广　随着牦牛业的不断发展，一直沿用传统的繁殖方法将不能适应时代的要求。因而，必须对牦牛的繁殖理论和科学的繁殖方法不断地进行深入探讨与创新，用人工的方法改变或调整其自然方式，达到对牦牛的整个繁殖过程进行全面、有效的控制。目前，国内外从母牛的性成熟、发情、配种、妊娠、分娩，直到幼犊的断奶和培育等各个繁殖环节陆续出现了一系列的控制技术。如人工授精、同期发情、胚胎移植、诱发分娩、精子分离，以及精液冷冻技术，这些技术进一步的研究和应用将大大提高牦牛的繁殖效率。

第六章
甘南牦牛常用饲料及加工技术

第一节　甘南牦牛常用饲料

甘南牦牛常用的饲料可分为能量饲料、蛋白质饲料、粗饲料、青绿饲料、青贮饲料、矿物质饲料、添加剂饲料等。

一、能量饲料

能量饲料是指在绝干物质中粗纤维含量低于18%，每千克饲料干物质含消化能大于10.460 MJ，同时粗蛋白质含量低于20%的谷实类、糠麸类、草籽实类、淀粉质的块根块茎瓜果类等，最常用的是玉米、青稞。玉米是一种重要的能量饲料，也是牦牛补饲、育肥的常用原料。为提高玉米在牦牛养殖生产中的利用效率，可对其进行粉碎、压片处理。

二、蛋白质饲料

蛋白质饲料是指绝干物质中粗纤维含量低于18%，同时粗蛋白质含量大于等于20%的豆类、饼类、动物性饲料等。甘南牦牛常用的蛋白质饲料有大豆饼、大豆粕、菜籽饼、菜籽粕等，它们通常被粉碎后与精饲料、粗饲料混合制作饲料配方，在牦牛补饲、育肥中有较好的效果。

三、粗饲料

粗饲料主要指各种农作物秸秆、干草和秕壳，就干草而言，其营养价值取决于制作的原料、植物种类、调制技术、贮藏方法、生长阶段等。例如，由豆

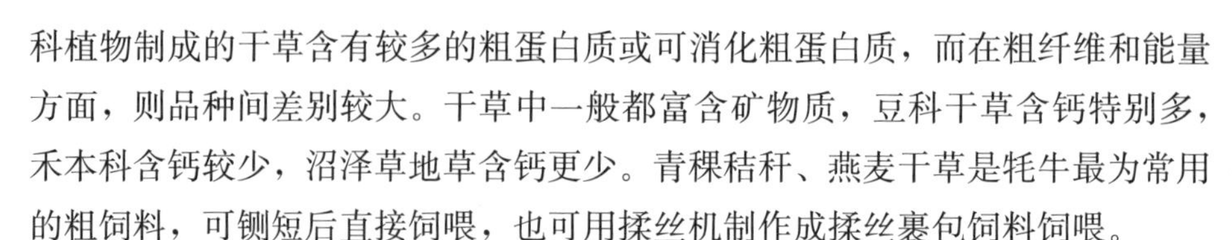

科植物制成的干草含有较多的粗蛋白质或可消化粗蛋白质，而在粗纤维和能量方面，则品种间差别较大。干草中一般都富含矿物质，豆科干草含钙特别多，禾本科含钙较少，沼泽草地草含钙更少。青稞秸秆、燕麦干草是牦牛最为常用的粗饲料，可铡短后直接饲喂，也可用揉丝机制作成揉丝裹包饲料饲喂。

四、青绿饲料和青贮饲料

1. 青绿饲料　青绿饲料是指天然水分含量在60%及以上的青绿饲料类、树叶类，以及非淀粉质的块根块茎、瓜果类。包括天然牧草、栽培牧草、蔬菜类饲料、枝叶饲料等，其中以青草所占比重最大，是牦牛最主要的饲料来源。甘南牦牛常用的青绿饲料一般是来自天然牧场的牧草，甘南牦牛常年放牧于天然牧场，自由采食。

2. 青贮饲料　青贮饲料是青绿饲料在厌氧条件下利用乳酸菌发酵而调制成的饲料。用新鲜的天然植物饲料加适量糠麸类或其他添加物调制而成的青贮饲料，水分含量在45%以上。常用的玉米青贮呈黄绿色，具有一种酸香味，松散，茎叶分明，质地柔而略带湿润。甘南地区有大量的燕麦草和青稞秸秆可以充分利用。

五、矿物质饲料

矿物质饲料包括工业合成的、天然的单一矿物质饲料和多种混合的矿物质饲料。甘南牦牛要补充的矿物质，主要是钠、氯、钙、磷。牦牛所采食的牧草饲料含钠、氯较少，含钾较多，因此必须补充钠和氯。食盐含有较多的钠和氯，故常用食盐来补充钠和氯的不足。常用的矿物质有石灰石粉、骨粉、贝壳粉、磷酸氢钙和蛋壳粉。

六、添加剂饲料

饲料添加剂包括维生素、微量元素、氨基酸添加剂，牦牛饲料中加入一定的矿物质添加剂，可以增加采食量，提高牦牛的生长速度和饲料的利用率，因此要十分重视矿物质添加剂的使用。以下是牦牛饲料中常见矿物质添加剂。

1. 常量元素添加剂　包括钙类补充物（主要有石粉、贝壳粉、沉淀脂肪酸钙等）、磷类补充物（主要是矿物磷酸盐类，天然磷酸矿中含有较多的氟，而过量的氟对动物有害，因此要求磷矿石含氟量低于0.2%）、食盐、镁补充物（应用最广的为氧化镁，另外还有硫酸镁、碳酸镁、磷酸镁）、硫补充物（常用硫酸盐）、缓冲剂。

2. 微量元素添加剂　饲料工业中常用作饲料添加剂的微量元素有铁、铜、锌、硒、碘、钴等，常以氧化物与硫酸盐的形式添加到饲料中。在使用微量元素添加剂时，一定要充分拌匀，防止其与高水分原料混合，以免凝集、吸潮，影响混合均匀度。

第二节　甘南牦牛饲料的加工调制

一、籽实类饲料的加工调制

禾谷类与豆类籽实都被以种皮，如牦牛采食时咀嚼不细往往消化不完全，甚至一部分以完整的形式通过消化道，故应对这类饲料进行适当的加工调制后再给牦牛饲喂。

1. 粉碎、磨碎与压扁　将谷实与豆类饲料粉碎、磨碎与压扁，可不同程度地增加饲料与消化液、消化酶的接触面，便于消化液充分浸润饲料，使消化作用进行得比较完全，以提高饲料消化率。但也不可粉碎得过细，特别是麦类饲料中蛋白质较多，会在肠胃内形成黏着的面团状物而不利于消化，粉碎过粗则达不到粉碎的目的。适宜的磨碎程度，取决于饲料性质、牦牛品种、年龄、饲喂方式等，一般磨碎到 2 mm 左右或压扁。压扁是将饲料加 16%的水，蒸汽加热到 120℃左右，用压片机压成片状，干燥并配以各种添加剂即成片状饲料。将大麦、玉米、高粱等（不去皮）压扁后，饲喂牦牛可明显提高消化率。

2. 制成颗粒饲料和挤压处理　将粉碎的饲料制成颗粒饲料，可提高适口性，减少饲喂时的粉尘与浪费。挤压工艺是：用螺旋搅拌器将磨碎的谷物拌湿（每吨加水 275～400 L），然后用挤压机处理。挤压时温度达到 150～190℃，压力达到 2.5～5 MPa，处理时间 70～85 s。经挤压处理后，饲料中仅残存极少量的微生物，大豆籽实等的抗胰蛋白酶因子减少 80%左右。

3. 浸泡与蒸煮　豆类、饼粕类谷物饲料经水浸泡后，膨胀柔软，便于咀嚼。蒸煮豆类籽实，可破坏其中的抗胰蛋白酶因子，提高蛋白质消化率和营养价值。对蛋白质含量高的饲料，加热处理时间不宜过长（一般为 130℃，不超过 20 min），否则会引起蛋白质变性，降低有效赖氨酸的含量。不宜对禾本科籽实进行蒸煮，蒸煮反而降低其消化率。

4. 焙炒与膨化　籽实饲料，特别是禾谷类籽实饲料，经130～150℃短时间高温焙炒后，一部分淀粉转变成糊精，使适口性提高，但不能提高碳水化合物的消化率，相反可降低蛋白质的生物学价值。爆裂膨化，是将籽实置于230～240℃，30 s即可使籽实膨胀为原来体积的1.5～2倍，果皮破裂，淀粉胶化，便于淀粉酶作用。

5. 糖化　将富含淀粉的谷类饲料粉碎，经饲料本身或麦芽中淀粉酶的作用，使其中一部分淀粉转变为麦芽糖，提高适口性。具体做法是：将粉碎的谷实分次装入木桶，按1∶(2～2.5)加入80～85℃的水，搅拌成糊状，在其表面撒一层约5 cm厚的干料面，盖以木板，使木桶内的温度保持在60℃左右，3～4 h即成，为加快糖化过程，提高含糖量，还可以加入占干料重2%的麦芽曲，糖化饲料储存时间最好不超过10～14 h，以免酸败变质。

二、饼粕类饲料的脱毒与合理利用

青藏高原有较大面积的油菜种植，为牦牛养殖提供了丰富的饼粕类饲料。油饼和油粕中含有丰富的蛋白质，但是当前饼粕类未被充分用作饲料的最大障碍是其含有有害物质和毒素，故应严格按照脱毒方法和遵循饲喂的安全用量。饼粕类蛋白质含量高，但大多缺乏一两种必需氨基酸，宜与其他蛋白质饲料配合使用。

1. 菜籽饼的脱毒与适宜喂量　菜籽饼的蛋白质含量和消化率都较大豆饼低，但必需氨基酸较平衡，含赖氨酸较少，蛋氨酸含量较多。菜籽饼中含有的硫葡萄糖苷，在中性条件下经酶水解，释放出致甲状腺肿物质噁唑烷硫酮和各种异硫氰酸酯与硫氰酸酯，在pH低的条件下水解时，会产生更毒的氰。菜籽饼的含毒量，因品种和加工工艺而异。机榨饼中毒素含量较压榨-浸提的油粕高。

菜籽饼的脱毒，有坑埋法、硫酸亚铁法、碱处理法、水洗法、蒸煮法等。脱毒效果较好，干物质、蛋白质和赖氨酸保存效果也好的方法，是坑埋与硫酸亚铁法。

2. 大豆饼有害物质的消除和适宜喂量　一般将大豆饼视为牦牛最好的蛋白质来源之一，其蛋白质中含有全部必需氨基酸，但胱氨酸和蛋氨酸含量相对较少。大豆饼含抗胰蛋白酶因子与抗凝乳蛋白酶、血细胞凝集素、皂角素等有害物质，故用生大豆或生大豆饼饲喂牦牛的增重与生产效果差，且因有腥味，使采食量减少或发生腹泻等。

将生大豆或生大豆饼粕在140～150℃下加热25 min，即可消除大部分有害物质，使其蛋白质营养价值提高约1倍。用螺旋压榨机榨油时可达到这个温度，而用溶剂法浸提时只能达到50～60℃，传统方法则多用冷榨，故后两种压榨方法生产出的大豆饼粕中保存有大量的抑制物质，用作饲料前应进行处理。但必须严格控制烘烤过程，因过热会降低赖氨酸和精氨酸的有效性，降低蛋白质的营养价值。

三、青饲料的调制与青贮

青贮是指在一个密闭的青贮塔（窖、壕）或饲料袋中，对原料进行乳酸菌发酵处理，以保存其青绿多汁性及营养物质的方法。其原理是利用乳酸菌在厌氧条件下发酵产生乳酸，抑制腐败菌、霉菌、病菌等有害菌的繁殖，达到牧草保鲜的目的。

1. 青饲料的喂前调制　调制方法有切碎、浸泡、焖泡、煮熟与打浆等方法。切碎便于牦牛采食、咀嚼，减少浪费，通常切至1～2 cm。青饲料、块根块茎类与青贮饲料均可打浆。凡是有苦、涩、辣或者其他怪味的青饲料，可用冷水浸泡或热水焖泡4～6 h后，混以其他饲料进行饲喂。青饲料一般宜生喂，不宜蒸煮，以免破坏维生素和降低饲料营养价值。焖煮不当时，还可引起亚硝酸盐中毒，但是有些青饲料含毒素，如马铃薯、核桃、荆条等叶，应煮熟后弃水饲喂，对草酸含量高的野菜类加热处理可破坏草酸，利于钙的吸收。

2. 饲料青贮　制作青贮饲料实际上是利用有益微生物抑制有害微生物，为乳酸菌创造适宜生活和迅速繁殖的条件。目前采用的青贮方法主要有：

（1）一般青贮　是依靠乳酸菌在厌氧环境中产生乳酸，使青贮物中pH下降，青饲料的营养价值得以保存。青贮成功的条件是：第一，适当的含糖量，原料中的含糖量不应低于1.0％。禾本科牧草，如玉米、高粱、块根块茎类等易于青贮。苜蓿、草木樨、三叶草等豆科牧草等含糖量低的饲草较难青贮。因此，应搭配其他易青贮原料混合青贮，或调制成半干青贮。第二，适当的含水量，一般为65％～75％。豆科植物最佳60％～70％，质地粗硬的原料青贮含水量可达80％左右，质地多汁、柔嫩的原料以60％为宜。玉米秸秆的含水量可根据茎叶的青绿程度估计，含水量越高的作物秸秆在青贮过程中饲料中的蛋白质损失越多。第三，缺氧环境。在青贮窖中装填青贮料时，必须踩紧压实，

排出空气，然后密封，并防止漏气。第四，适当的温度，一般控制在19～37℃，以25～30℃为宜。在35℃以下时，发酵时间为10～14 d。

①青贮建筑物及建造要求　青贮建筑物有青贮窖与青贮壕等。青贮窖（圆形）与青贮壕（长方形）可用砖混或石块和水泥砌成，土窖、土壕亦可，在地下水位高的地方可用半地下式窖（壕）。各种青贮建筑物均应符合以下基本条件：第一，结实坚固、经久耐用、不透气、不漏水、不导热；第二，必须高出地下水位0.5 m以上；第三，青贮壕四角应做成圆形，各种青贮建筑物的内壁应垂直光滑，或使建筑物上小下大；第四，窖（壕）址应选择地势高燥、易排水和据牛舍近的地方。

青贮建筑物的大小和尺寸，应以装填与取用方便、能保证青贮料质量为原则，根据青贮原料数量和各种青贮饲料的单位容重来确定。青贮窖（壕）的深度以2.5 m左右为宜，圆形窖的直径宜在2 m以内，青贮壕的宽度以能容纳下取用时运输青贮饲料的车辆为宜。

塑料袋青贮是近年来开发的新青贮方法，制作方法简单，易存储和搬运，在我国农区有较多应用。牧区秋季有一定量的多汁饲料，用塑料袋青贮较为方便。袋子规格大小的选择，可根据饲养牦牛的数量确定，但不宜太大，以每袋可装25～100 kg为宜。袋装青贮应选用柔软多汁、易压实的青料，贮存时要防止青贮袋破裂。

②青贮的技术和步骤　确定青贮原料适宜的收割期，既要兼顾营养成分和单位面积产量，又要保证较适量的可溶性碳水化合物和水分，一般宁早勿迟。禾本科牧草的适宜收割期为孕穗至抽穗期，豆科牧草的适宜收割期是现蕾至开花期，带果穗的玉米在蜡熟期收割，如有霜害则应提前收割、青贮。收穗的玉米应在玉米穗成熟收获后，玉米秆仅有下部叶片枯黄时收割，立即青贮；也可在玉米七成熟时，收割果穗以上的部分青贮。野草则应在其生长旺盛期收割。饲喂牦牛的禾本科牧草、豆科牧草、杂草类等细茎植物，一般切成2～3 cm；粗硬的秸秆，如玉米、高粱等，切割长度以0.4～2 cm为宜。装填时，如原料太干可加水或含水量高的饲料，如太湿可加入铡短的秸秆。应先在青贮建筑物底部铺10～15 cm厚的秸秆或软草，然后分层装填青贮原料。每装15～30 cm厚，压紧一次，特别要压紧窖（壕）的边缘和四角。青贮原料装填到高出窖（壕）上沿1 m后，在其上盖15～30 cm厚的秸秆或软草压紧（如用聚氯乙烯薄膜覆盖更好），然后在上面压一层干净的湿土并踏实。待1周左右，青贮原

料下沉后立即用湿土填起，下沉稳定后，再向顶上加 1 m 左右厚的湿土并压紧。

③开窖与取用　装填后 40～60 d 方可开窖取用。如为圆形青贮窖，应揭去表层覆盖的全部土层和秸秆，除去霉层，然后自上向下逐层取用。每天取用的厚度应不少于 10 cm，取后必须把窖盖严。对青贮壕，应从一端开始分段取用，每段约为 1 m，揭去上面覆盖的土、草和霉层后，从上向下垂直切取，且不要留阶梯或到处挖用。取用后，最好用塑料薄膜覆盖取用的部位。

用青贮料饲喂牦牛。应将青贮料与精饲料、干草及块根块茎类饲料混合饲喂。不宜给怀孕后期的母牦牛喂青贮饲料，产前 15 d 应停喂。对酸度过大的青贮料，可用 5%～15%的石灰乳中和。

（2）低水分青贮　或称半干草青贮，具有干草和青贮的特点。制作低水分青贮料，是使青贮料水分降低到 40%～55%，造成对厌氧微生物（包括乳酸菌）的生理干燥状态抑制其活动，并靠压紧造成的厌氧条件抑制好氧微生物的生长繁殖，以保存青饲料的营养物质。低水分青贮养分流失少，发酵过程弱，故养分损失少，总损失量不超过 15%，大量的糖、蛋白质和胡萝卜素被保存下来。

豆科牧草与禾本科牧草均可用于调制水分青贮料。豆科青草应在花蕾期至始花期刈割，禾本科青草应在抽穗期刈割。刈割后，应在 24 h 内使豆科牧草含水量达到不低于 50%、禾本科不低于 45%的标准。青贮步骤和要求与一般青贮类似。

四、青干草的调制

调制青干草的目的在于获得容易贮藏的干草，使青饲料的含水量降低到足以抑制植物酶与微生物酶活动的水平，尽量保持原来牧草的营养成分，具有较高的消化率和适口性。只有青绿饲料的含水量降低到 15%～20%后，才能妥善贮存。

1. 牧草的干燥方法　主要有自然干燥法和人工干燥法。自然干燥法又分为田间干燥法、草架干燥法和发酵干燥法，目前多采用田间干燥法。人工干燥法分为高温快速法和风力干燥法。

（1）田间干燥法　调制干草最普通的方法，是牧草刈割后在田间晒制，应选择好天气晒制干草。水分蒸发得快慢，对干草营养物质的损失量有很大影

响。因此，青饲料刈割后，应先采用薄层平铺曝晒 4～5 h，使水分尽快蒸发。当干草中水分降到 38%后，要继续蒸发减少到 14%～17%。应采用小堆晒干法，以避免阳光长久照射严重破坏胡萝卜素，同时也有较大的防雨能力。为提高田间的干燥速度，可采用压扁机压扁，使植物细胞破碎，也可采用传统的架上晒制干草。

在晒制干草过程中应轻拿轻放，防止植物最富营养的叶片脱落。晒制豆科干草时，尤其要注意这一点。调制干草正逢雨季时，由于淋溶、植物酶与微生物酶活动时间延长及霉菌滋生等，干草中的营养物质会有较大损失。青藏高原草原气候比较寒冷，推迟到 5 月播种的燕麦草，在 9 月早霜来临时被冻死冻干，但仍保持绿色，这时再刈割保存，称作冻青干草。

（2）人工干燥法　将新鲜青草在 45～50℃室内停留数小时，使水分含量降至 5%～10%。这种干燥方式可保存干草养分的 90%～95%。在 1 kg 人工干燥的草粉中，含有 120～200 g 蛋白质和 200～350 mg 胡萝卜素，但缺乏维生素 D。高温快速干燥法一般用于草粉生产。风力干燥法需要建造干草棚及各种配套设施，一般使用不多。

（3）干草块　一般用苜蓿等豆科草制作干草块，用作牦牛的基础饲料。通常每块重 45～50 g，有块状、砖状、柱状或饼状。可在田间天然干燥后，用干草制块机制作干草块。青草风干至含水量为 15%左右时最易压缩。用 60%的苜蓿干草加 40%的混合精饲料压成的干草块，可使乳牛的干物质采食量增加 20%。

2. 干草的堆垛与贮藏　堆垛坚实、均匀；减少受雨面积，以减少养分损失。如果堆垛干草含水量超过 18%，则调制好的干草也会发霉、腐烂。一般情况下，用手把干草搓揉成束时能发出沙沙响声及干裂的嚓嚓声，这样的干草含水量为 15%左右，适于堆垛贮藏。

在贮存过程中，干草的化学变化与营养成分损失仍在继续。水分含量较高时损失较大，如果含水量少于 15%贮存期间就很少或不发生变化。堆垛的地形要高燥，排水良好，背风或与主风向垂直，便于防火，垛底用木头、树枝、秸秆等垫起铺平，四周有排水沟。堆垛时，垛的中间要比四周边缘高，并用力踩实；含水量高的干草，应堆集在草垛上部，从垛高 2/3 处开始收顶；缩短堆垛时间，垛顶不能有塌陷和裂缝，以防漏雨，注意垛内干草因发酵生热而引起的高温，当温度上升到 45～55℃或以上时，应采取通风方法进行散热。堆好后，须盖好垛顶，顶部斜度应为45°以上。应用秸秆编成7～8 cm的草帘，按顺序盖在垛顶，秸秆的方向应顺着水流的方向，以便雨水流下。

3. 干草品质鉴定　良好的干草颜色呈鲜绿色或灰绿色，有香气，质地不坚硬，不木质化，叶片含量适当，有适量花序，收割期适时，贮藏良好；劣质干草呈褐色，发霉，结块，不适于饲喂牦牛。

五、秸秆饲料的加工与调制

秸秆的有机物质中，80%～90%的是由纤维性物质和无氮浸出物组成，粗蛋白质含量在4%以下，几乎不含胡萝卜素，故天然状态下属营养价值低劣的饲料。农作物秸秆类饲料经适当加工调制，可以改变原来的体积和理化性质，提高适口性，减少饲料浪费，改善消化性，提高饲用价值。目前，对秸秆类饲料加工调制的有效方法有物理处理、化学处理及微生物处理，以下主要介绍物理处理和化学处理两种方法。

1. 物理处理

(1) 切碎、粉碎和制成颗粒饲料　采用铡短、粉碎、揉搓等方法，能使秸秆长度变短，增加瘤胃微生物与秸秆的接触面积，可提高采食量和纤维素降解率。铡短揉碎后的玉米秸可以提高采食量25%，提高饲料效率35%，提高日增重。通过揉搓机的强大动力将秸秆加工成细絮状物，并铡成碎段，可提高适口性和秸秆利用率。若能把秸秆粉碎压制成颗粒后再喂牦牛，其干物质的采食量又可提高50%，颗粒饲料质地很硬，能满足在瘤胃中的机械刺激作用。在瘤胃碎解后，有利于微生物的发酵和皱胃的消化，能使饲料利用效果大大提高。如果能按照营养需要在秸秆中配入精饲料，则会得到很好的饲喂效果。

(2) 浸泡　是把切碎的秸秆加水浸湿、拌上精饲料饲喂。也可用盐水浸泡秸秆24 h，再拌以糠麸喂牛。此法只能提高秸秆的适口性与采食量。

(3) 湿热压处理秸秆　先将秸秆捆浸泡在贮水池中（7～8 h），使其含水量从20%增加到70%。接着将湿秸秆捆装入高压釜中，于150～160℃、0.6～0.65 MPa下处理2～2.5 h。按操作规程调制的秸秆，含糖量占绝干物质的10%以上，而秸秆原有的含糖量一般不足0.3%～0.8%。秸秆处理后的总营养价值是未处理秸秆的2倍多。

2. 化学处理　化学处理指用碱性化合物处理秸秆，打开纤维素、半纤维素与木质素之间对碱不稳定的酯键，溶解半纤维素和一部分木质素，使纤维素膨胀，暴露出其超微结构，从而便于微生物所产生的消化酶与之接触消化纤维素。秸秆经化学处理后不仅可以提高消化率，而且能够改善适口性，增加采食量。我国目前使用最多的化学处理是氨化处理。

（1）秸秆氨化饲料的优点　饲料经氨化处理后不仅有机物消化率可提高8%～12%，含氮量也相应提高，而且可提高饲料的适口性，增加牦牛采食量。据测定，采食速度可提高20%，采食量提高15%～20%。

饲喂氨化秸秆可提高牦牛生产性能，降低饲养成本。另外，氨化秸秆也有防病作用。氨是一种杀菌剂，1%的氨溶液可以杀灭普通细菌。在氨化过程中氨的浓度为3%左右，等于对秸秆进行了一次全面消毒。此外，氨化秸秆可使粗纤维变松软，容易消化，也减少了胃肠道疾病的发生。氨化秸秆可缓冲瘤胃内的酸碱度，减少精饲料蛋白质在瘤胃中的降解，增加过瘤胃蛋白质含量，提高蛋白质的利用率，同时可预防牦牛育肥期常见的酸中毒。

氨化饲料开封后，若1周内不能喂完，可以把全部秸秆摊开晾晒，待其水分含量低于15%时即可堆垛保存。

（2）秸秆氨化饲料的制作方法与步骤　无水氨或液氨处理法是：在地面或地窖底部铺塑料膜，膜的接缝处均用熨斗焊接牢固。一般秸秆垛宽2m、高2m，垛的长短根据秸秆的数量而定。向切碎（或打捆）的秸秆喷入适量水分，使其含水量达到15%～20%，然后用高压橡胶管连接无水氨或氨氮贮运罐与垛中胶管。无水氨或液氮的用量，冬天环境温度在8℃时，添加无水氨或液氮为2kg/100kg干秸秆；夏天环境温度在25℃时，添加无水氨或液氮以4kg/100kg干秸秆计算。无水氨或液氮处理成本低，效果好，但需要专门的无水氨或液氮贮运设备与计量设备。

利用尿素或碳铵处理秸秆时，先将秸秆切至2cm左右。玉米秸秆需切得再短些，较柔软的秸秆可以切得稍长些。每100kg秸秆（干物质）用3～5kg尿素（或碳酸铵6kg）和20～30kg水。如再加0.5%的盐水，则适口性更好。被处理秸秆的含水量为25%～35%。将尿素溶于温水中，分数次均匀地洒在秸秆上，入窖前后喷洒均匀即可。如在入窖前将秸秆摊开喷洒则更为均匀。边装边踩实，待装满窖后用塑料膜覆盖密封，再用细土压好即可。

（3）影响氨化效果的因素　有温度、处理时间、秸秆含水量和秸秆种类等。

①温度　将液氨注入秸秆垛后，温度上升很快，在2～6h可达到最高峰，一般波动范围为40～60℃。最高温度在草垛顶部，1～2周后下降并接近周围

温度，由于周围的温度对氨化起重要作用，因此氨化要在秸秆收割后不久气温相对高时进行。

②处理时间　氨化时间的长短要根据气温而定。气温越高，完成氨化所需的时间越短；相反，氨化所需时间就越长。尿素氨化秸秆还有一个分解成氨的过程，一般比液氨延长 5～7 d。

③秸秆含水量　水是氨的“载体”，氨与水结合成氢氧化铵，其中 NH_4^+ 和 OH^- 分别对提高秸秆的含氮量和消化率起作用，因而，一般以 25%～35% 的水分含量为宜。含水量过低，水均会吸附在秸秆中，无足够的水充当氨的“载体”，氨化效果差。含水量过高，不但开窖后需延长晾晒时间，而且氨浓度降低会引起秸秆发霉变质，同时对于提高氨化效果没有明显的作用。加水时可将水均匀地喷洒在秸秆上，然后装入氨化池或窖中；也可在秸秆装窖时洒入，由下向上逐渐增多，以免上层过干，下层积水。

④秸秆种类　用于氨化的原料主要有禾本科作物及牧草的秸秆，如麦秸、玉米秸等。最好将收获籽实后的秸秆及时进行氨化处理，以免堆积时间过长而发霉变质，也可根据利用时间确定制作氨化秸秆的时间。秸秆的原来品质直接影响到氨化效果。一般来说，原来品质差的秸秆，氨化后可明显提高消化率，增加非蛋白氮的含量。

（4）氨化秸秆的品质检验　氨化秸秆在饲喂前要进行品质检验，以确定能否饲喂牦牛。一般从以下几个方面检验其品质。

①气味　氨化好的秸秆有一股糊香气味和刺鼻的氨味。而氨化玉米秸秆的气味略有不同，既有青贮的酸香味，又有刺鼻的氨味。

②颜色　氨化的麦秸为杏黄色，氨化的玉米秸秆为褐色。

③pH　氨化秸秆偏碱性，pH 为 8.0 左右；未氨化的秸秆偏酸性，pH 约为 5.7。

④质地　氨化秸秆柔软蓬松，用手紧握没有明显的扎手感。

（5）氨化秸秆的饲喂　氨化窖或垛开封后，经检验合格的氨化秸秆，需放氨 1～3 d，去除氨味后方可饲喂。氨化秸秆饲喂牦牛要由少到多，少给勤添。刚开始饲喂时，可与谷草、青干草等搭配，7 d 后即可全部喂氨化秸秆。使用氨化秸秆要注意合理搭配日粮，适当搭配精饲料混合料，能提高育肥效果。

3. 秸秆微贮　秸秆微贮饲料就是在粉碎的作物秸秆中加入秸秆发酵活干菌，放入密封的容器中贮藏，经一定的发酵过程，使农作物秸秆变成酸香味、

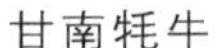

牦牛喜食的饲料。微贮饲料具有易消化、适口性好、易制作、成本低等优点。

（1）菌种的配制　先将秸秆发酵活干菌菌种倒入水中充分溶解，然后在常温下放置1～2 h，再倒入0.8%～1.0%食盐水中混匀。食盐水、菌种的用量见表6-1。

表6-1　菌种配制

秸秆种类	重量（kg）	发酵活干菌用量（g）	食盐用量（kg）	用水量（L）	贮料含水量（%）
稻麦秸秆	1 000	3.0	9～12	1 200～1 400	60～70
玉米秸秆	1 000	3.0	6～8	800～1 000	60～70
青玉米秸秆	1 000	1.5		适量	60～70

（2）秸秆入池或其他容器　秸秆长度不能超过3 cm，这样易于压实和提高微贮的利用率。先在底部铺上20～30 cm厚的秸秆及均匀喷洒菌液水，压实后再铺放20～30 cm厚的秸秆，再均匀喷洒菌液水，直到高于窖口或池口40 cm。

（3）密封　秸秆装满经充分压实后，在最上面一层均匀撒上食盐粉，用量为250 g/m^3，盖上塑料薄膜，然后在上面铺20～30 cm的麦秸，并盖上15～20 cm厚的湿土。特别是四周一定要压实，不要漏气。

（4）贮存水分的控制与检查　在喷洒菌液和压实过程中，要随时检查秸秆的含水量是否合适，各处是否均匀一致，不得出现夹干层。

（5）微贮饲料质量的识别　优质的成品，玉米秸应该呈橄榄绿色。如果呈褐色或墨绿色，说明质量较差。开封后应有醇香和果香气味，并伴有弱酸味。若有腐臭味、发霉味，则不能饲用。

（6）微贮饲料的取用　一般经过30 d即可揭封取用。取料时从一角开始，从上到下逐渐取用。要随取随用，取料后应把口盖严。喂微贮料的育肥牦牛，喂精饲料时不要再加喂食盐。

六、牦牛营养舔砖加工

牦牛舔砖是将牦牛所需的营养物质经科学配方和加工工艺加工成块状，供牦牛舔食的一种饲料，也称块状复合添加剂（中国农业科学院兰州畜牧与兽药研究所生产的营养舔砖见图6-1）。营养舔砖中添加了反刍动物日常所需的矿物质、维生素等微量元素，能够补充人工饲养的经济动物日粮中各种微量元素的不足，维持牛、羊等反刍家畜机体的电解质平衡，防止矿物质营养缺乏症，以补充、平衡、调控矿物质营养为主，调节生理代谢，有效提高饲料转化率，促进生长繁殖，提高生产性能，改善畜产品质量。

图 6-1 营养舔砖

1. 舔砖的分类　牦牛舔砖的种类很多，一般根据舔砖所含主要成分来命名。例如，以矿物质元素为主的叫复合矿物舔砖，以尿素为主的叫尿素营养舔砖，以糖蜜为主的叫糖蜜营养舔砖。

第一种（营养型）：玉米 15%、麸皮 9%、糖蜜 18%、尿素 8%、胡麻饼 3%、菜籽粕 4%、水泥（硅酸盐水泥）22%、食盐 16%、膨润土 4%、矿物质预混料 1%。

第二种（微量元素型）：食盐（氯化钠含量 98.5%以上）56.8%、85%七水硫酸镁 26%、磷酸氢钙 11%、85%七水硫酸亚铁 3.09%、85%七水硫酸锌 1.22%、85%一水硫酸锰 1.26%、82%五水硫酸铜 0.49%、1%亚硝酸钠 0.47%、5%氯化钴 0.2%、5%碘酸钾 0.18%。黏合剂选用膨润土（钠质，和食盐的钠元素对反刍动物作用机理相同）或糊化淀粉。

2. 舔砖的加工工艺　国内舔砖制备有浇铸法和压制法两种。由于压制法生产舔砖具有生产效率高、成型时间短、质量稳定等优点，因而被广泛采用。

（1）浇铸法　浇铸法所需设备和生产工艺较压制法简单。但浇铸法的成型时间长，质地松散，质量不稳定，生产效率不高，计量不准确。

（2）压制法　压制法生产舔砖是在高压条件下进行的，各种原料的配比、黏合剂种类、调质方法等直接影响舔砖压制的质量。近年来，国内生产的营养舔砖，大多以精制食盐为载体，加入各种微量元素，经 150 MPa/m^2 压制而

成，产品密度高，且质地坚硬，能适应各种气候条件，大幅度减少浪费，适于牦牛舔食。

3. 舔砖的主要原料和功效

（1）常见原材料及其作用　是蔗糖或甜菜糖生产过程中剩余的糖浆，主要作用是供给能源和合成蛋白质所需要的碳素；糠麸是舔砖的填充物，起吸附作用，能稀释有效成分，并可补充部分磷、钙等营养物质；尿素提供氮源，可转化成蛋白质；硅酸盐水泥为黏合剂，可将舔砖原料黏合成型，并且有一定硬度，控制牦牛舔食量；食盐可调节牦牛适口性和控制舔食量，并能加速黏合剂的硬化过程；矿物质添加剂和维生素可增加营养元素。

（2）舔砖的作用　甘南牦牛饲养管理较粗放，特别是冬、春枯草季节，在补饲青干草、农作物秸秆和青贮料等粗饲料的情况下，即使补充少量的精饲料，蛋白质和矿物质元素等营养物质摄取量也不足，常常导致营养失衡，造成易患病、生长缓慢、佝偻病、仔畜瘦弱、缺乏食欲、产奶量低、异食癖、皮毛粗糙不光滑；不孕、生殖力低下、生殖缺陷、流产、死胎等营养代谢病，给养殖户带来很大的经济损失。牦牛复合营养舔砖的使用可预防和治疗部分营养性疾病，提高日增重、产奶量、繁殖率、饲料转化效率和免疫力。

4. 应用舔砖的注意事项

（1）使用初期，可在舔砖上撒少量精饲料（如面粉、青稞）或食盐、糠麸等引诱牦牛舔食，一般经过5d左右的训练，牦牛就会习惯舔食舔砖（图6－2）。

图6－2　牦牛采食舔砖

（2）为保持清洁，防止被污染，可用绳将舔砖挂在圈内的适当地方，高度以牦牛能自由舔食为宜。

(3) 由于舔砖的主要成分是食盐，因此不能代替常规饲料的供给，牦牛舔食舔砖以后应供给充足的饮水。

(4) 舔砖的包装袋等应及时妥善处理，防止污染场地或被牦牛误食。

5. 舔砖应用效果　牦牛饲喂舔砖，能提高饲草料的利用率，对其健康、增重、产奶、繁殖等方面有促进作用，还可防治异食癖、皮肤病、肢蹄病等多种营养疾病。张德罡（1998）用尿素糖蜜多营养舔砖（尿素10%，糖蜜10%，采食量为每头0.5kg/d）对甘南牦牛进行了冷季补饲试验。结果表明，甘南牦牛的活重损失减少46.8%，产奶量提高13.6%，怀孕率提高20.0%，处理组与对照组之间存在极显著差异。祁红霞（2006）对体重相近的2岁牦牛进行尿素糖浆营养舔砖补饲试验，2个月后牦牛增重效果明显，取得较高的经济效益。补饲营养舔砖的牦牛，平均日增重提高0.21kg，平均每头每日多获净收益0.68元。中国农业科学院兰州畜牧与兽药研究所科研人员研制了一种适合藏区牦牛专用并能有效提高其生产性能和抗雪灾能力的浓缩型复合营养添砖。舔砖中除含有尿素、食盐外，还含有多种维生素、常量元素、微量元素等成分，结合青藏高原牦牛产区不同地域常量元素、微量元素的含量，弥补了天然牧草和秸秆饲料的营养不足，从而可提高饲料利用率，增加牦牛体重。研究表明，采用“夏季强度放牧＋驱虫健胃＋矿物质能量舔砖饲料”模式进行补饲育肥牦牛3个月，牦牛日增重最高达到497.50g，比对照组分别增加15.05kg，产生了明显的经济效益。

第三节　甘南牦牛饲料配方设计及日粮配制

一、饲料配方设计原则

牦牛饲料配方的设计涉及许多制约因素，为了对各种资源进行最佳分配，配方设计应基本遵循以下原则。

1. 科学性原则　饲养标准是对牦牛实行科学饲养的依据，因此经济、合理的饲料配方必须根据饲养标准规定的营养物质需要量的指标进行设计，但可根据饲养实践中牦牛的生长或生产性能等情况作适当的调整。设计饲料配方应根据当地饲料资源的品种、数量，以及各种饲料的理化特性和饲用价值，尽量做到全年比较均衡地使用各种饲料原料。

2. 经济性和市场性原则　饲料原料的成本在饲料企业中及畜牧业生产中

均占很大比重，在追求高质量的同时，成本往往也会上升。营养参数的确定要结合实际，饲料原料的选用应注意因地制宜和因时制宜，要合理安排饲料工艺流程和节省劳动力消耗，降低成本。

3. 安全性与合法性原则　按配方设计出的产品应严格符合国家法律法规及条例，如营养指标、感观指标、卫生指标、包装等。尤其是违禁药物及对动物和人体有害物质的使用或含量应强制性遵照国家规定。配方设计要综合考虑产品对环境生态和其他生物的影响，尽量提高营养物质的利用效率，减少废弃物中氮、磷、药物及其他物质对人类、生态系统的不利影响。

4. 逐级预混原则　为了提高微量养分在全价饲料中的均匀度，原则上讲，凡是在成品中的用量少于1%的原料，均首先进行预混合处理。例如，预混料中的硒，就必须先预混。否则，就可能会造成牦牛生产性能不良，整齐度差，饲料转化率低，甚至造成牦牛死亡。

二、饲料配方设计方法

饲粮配合主要是规划计算各种饲料原料的用量比例。设计饲料配方时采用的计算方法分手工计算法和计算机规划法两大类：①手工计算法，有交叉法、联立方程法、试差法等。②计算机规划法，主要是根据有关数学模型编制专门程序软件进行饲料配方的优化设计，涉及的数学模型主要包括线性规划法、多目标规划法。以下以配制体重 275 kg 舍饲牦牛饲料配方为例进行说明：

第一步，明确目标。设定目标日增重为 0.5 kg，饲料以当地饲料为主，使牦牛达到最佳生产性能，对环境的影响最小。

第二步，确定牦牛的营养需要量。

第三步，选定所用精、粗饲料种类，查饲料营养价值表。

第四步，先满足牦牛粗饲料需要。

第五步，不足营养再以混合精饲料满足。

第六步，补充矿物质。

第七步，按日粮干物质的 0.40%补盐。

配制舍饲条件下生长牦牛日粮，参照体重 275 kg、每日增重 0.5 kg 肉牛营养标准每日饲料应提供干物质 5.47 kg、增重净能 21.74 MJ、可消化粗蛋白质 0.58 kg、增重净能 4.06 MJ、钙 21 g、磷 13 g，使用饲料为玉米、青稞、麦麸、菜籽饼、燕麦草。饲料营养价值见表 6-2。

表 6-2 饲料营养价值

饲料原料	干物质（%）	粗蛋白质（%）	维持净能（MJ/kg）	增重净能（MJ/kg）	钙（%）	总磷（%）
玉米	86	7.8	9.16	7	0.02	0.27
菜籽饼	88	35.7	6.64	3.9	0.59	0.96
小麦麸	87	14.3	6.95	4.5	0.1	0.93
燕麦干草	89	8.5	4.98	1.84	0.4	0.27
青稞	87	13.43	11.01	13.0	0.04	0.39

首先满足牦牛粗饲料需要：按牦牛体重计算每天提供占体重 1.6%的粗饲料干物质（275 kg×0.016=4.4 kg），即每天应喂 4.4 kg 粗饲料干物质；粗饲料为燕麦草，即 4.4÷0.89≈5 kg。由此计算燕麦草供给的营养，不足的营养成分再以混合精饲料来补充，混合精饲料需 135 g 粗蛋白质。根据计算，取玉米 0.34 kg、青稞 0.4 kg、菜籽饼 0.2 kg、小麦麸 0.25 kg，补充 5%预混料，按日粮干物质的 0.40%补盐 0.25 g。牦牛精饲料配方见表 6-3，营养水平见表 6-4。

表 6-3 牦牛精饲料配方

饲料原料	组成（%）	饲喂量（kg）
玉米	27	0.34
青稞	32	0.4
小麦麸	20	0.25
菜粕	16	0.2
预混料	5	0.06
合计	100	1.25

表 6-4 牦牛营养水平

营养水平	组成（%）
干物质（kg）	1.15
粗蛋白质（g）	180.83
增重净能（MJ）	8.44
钙（g）	1.77
磷（g）	6.37

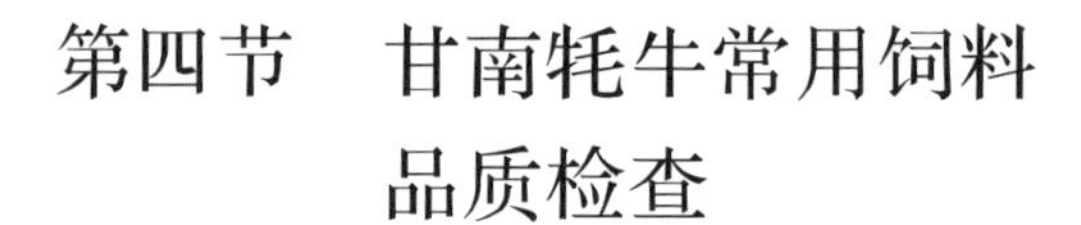

第四节　甘南牦牛常用饲料品质检查

饲料原料的品质是决定配合饲料质量的重要因素。生产配合饲料时，不经过品质检验的原料不能应用。饲料原料要求适口性好，冬季冻结、夏季酸败、发霉变质及被农药污染的饲草、饲料不能用于饲喂牦牛。饲料加工机械必须安装磁铁，饲草、饲料喂前要筛净，彻底清除异物。各种添加剂使用应符合《饲料药物添加剂品种及使用规定》的要求，严格控制用量。现介绍几种常用饲料原料的品质检验方法。

一、颗粒饲料的品质检验

1. 现场检测（在制粒机旁边）

（1）温度　调制后湿粉料的温度高低根据配方的不同会有不同要求。

（2）水分　一个有效的检验制粒后进冷却器前颗粒料中水分含量的有效方法是：将一个热颗粒放在拇指和食指之间压碎成饼状，若呈油灰状的黏度且不破碎，表明水分加到位，否则仍需添加蒸汽。

（3）颜色　颗粒的颜色随配方中原料的变化而变化，对于同一个配方，颜色一般不会有太大的变化。

（4）粒度　颗粒的长度一般为环模直径的2～3倍，不同的料有不同的要求。

2. 冷却器处检测

（1）温度　冷却后颗粒的温度一般比室温高5℃左右，温度检测可以发现冷却器料位器的调整是否合理，冷却器的运行是否正常。

（2）粒度　指破碎料的均匀度，可反映出破碎辊的调节是否正常，辊子是否有跑偏现象。

（3）硬度　颗粒硬度不高是造成含粉的直接原因。

3. 打包处检测

（1）含粉量　1.4mm的筛下物占总量的百分比。

（2）杂粒　是否有花粒，掺杂。

4. 实验室检测

（1）使用红外干燥灯烘干，检测水分。

（2）使用压力器，检测饲料颗粒的硬度。

（3）检测饲料的蛋白质、脂肪、盐分等含量。

二、豆粕、豆饼的品质检验

1. 生熟度测定　将豆粕或已粉碎的豆饼放在载玻片上，滴尿素酚红液5 min后有散在的桃红色斑点出现则生熟度合适，可以喂用；生豆饼及生豆粕大部分呈红色、红色过少或无红色出现则为过熟豆粕。

2. 掺杂淀粉物质的检验　将碘溶液（普通人用碘酊加倍量水稀释后可用）滴在豆粕等蛋白质饲料样品上，如果样品掺有玉米等含淀粉的物质将有蓝黑色斑点出现。

三、酵母粉质量的检验

纯正的酵母粉外观淡黄，有明显的酵母气味，一般为粉状；而有掺杂物的酵母颜色灰暗，气味不正，内有细小颗粒或片状物。酵母的常见掺杂物有棉籽饼粕、菜籽饼粕、羽毛粉、血粉、皮革粉、尿素等，可参照上述几种方法检验。另外，还可把酵母放入水中搅拌，发酵良好的酵母易于悬浮并有大量泡沫，且泡沫消失速度较慢；而假劣酵母则迅速沉入水底或漂浮于水面之上，无泡沫或仅有少量泡沫，且泡沫消失迅速。用血球计数器计算酵母细胞数量结果准确、可靠。方法：称1 g样品放在研钵中加少量纯水研细，定容至100 mL，用血球计数器在显微镜下直接测样品的细胞数。如测出的细胞数与产品说明相符，则说明样品为纯发酵培养物；否则即不是完全通过发酵培养的饲料酵母。

四、骨粉、磷酸氢钙质量的检测

将少量样品放在载玻片上，滴稀盐酸浸泡样品。磷酸氢钙可溶解，不起泡；骨粉可慢慢起泡，泡沫藏于液体中不胀破；碳酸钙、石粉、贝壳粉剧烈起泡如水沸。如果全部或有个别小颗粒剧烈起泡，说明样品中掺有碳酸钙成分。将少量样品放在载玻片上，滴10%硝酸银溶液数滴浸泡样品。颗粒变黄的为磷酸二氢盐或磷酸氢二盐，可认为是磷酸氢钙；如有白色针状结晶（用显微镜约100倍放大观察）为硫酸盐，应掺有石膏；颗粒慢慢变暗，经30 min变黑的是骨，可用。

五、赖氨酸、蛋氨酸质量的检测

赖氨酸为白色或略带褐色的不定形小颗粒，含固有气味。蛋氨酸为白糖样结晶，有甜味，烧后有似烧干鱼的刺鼻气味。将少量样品放在载玻片上，将用浓硫酸作溶剂配制的硫酸铜饱和溶液浸泡样品。样品为蛋氨酸时试液变为黄色，2 h 变为无色；样品为赖氨酸时立即起泡，然后变为黄色，约 4 h 后渐变为无色；如果在滴试剂 10 min 后原料变为浅棕色，2 h 后料和液体渐变为黑色的则掺有糖；如果料变浅棕色或液体色淡，6～24 h 料变灰色，液体变为无色，则掺有面粉类物质。

六、青贮饲料品质评定

优质的裹包青贮燕麦草为青绿色或黄绿色，有光泽，有芳香酸香味，质地柔软、湿润，茎叶结构良好，保持原状，容易分离。劣质的多为褐色、黑褐色或黑色，质地松软、腐烂，失去茎叶结构，有臭味或霉味，这种青贮燕麦草不能饲喂牦牛。微贮青稞秸秆适口性好，秸秆经微生物发酵后，质地变得柔软，并具有酸香气味，适口性明显提高。由表 6－5 可以看出，燕麦草经青贮后，粗蛋白质由 3.44% 变为 6.87%，提高了 3.43%，酸性洗涤纤维提高了 3.88%，中性洗涤纤维提高了 4.33%。青稞秸秆经微贮后，粗蛋白质水平有所提高，中性洗涤纤维和酸性洗涤纤维含量均有所下降。由于青稞秸秆半纤维素和木质素含量相对较高，因此微贮时，在稀酸和稀碱的作用下，纤维类物质的相对含量略有降低。

表 6－5　风干样品中各种养分的含量（%）

饲料名称	粗蛋白质	粗灰分	粗脂肪	无氮浸出物	酸性洗涤纤维	中性洗涤纤维	钙	磷
青稞秸秆微贮	5.67	9.87	4.17	14.91	35.82	61.30	0.55	0.14
青稞秸秆	5.22	6.99	5.23	11.13	38.63	65.59	0.49	0.20
燕麦草青贮	6.87	9.41	3.01	10.92	38.28	63.84	0.43	0.56
燕麦草	3.44	6.83	6.17	16.75	34.4	59.51	0.65	0.48

第七章
甘南牦牛营养需要、饲养和管理技术

第一节　甘南牦牛的营养需要

牦牛的生长和育肥需要能量、蛋白质、矿物质、维生素及微量元素等多种营养物质，缺乏其中任何一种或者相互之间的配比不适当，都可能造成牦牛的生长或育肥受阻。

一、能量需要

甘南牦牛养殖基本上以传统的放牧饲养方式为主。牧区气候寒冷，牧草枯黄期可达9个月，犊牛生长慢，死亡率高，出栏率低，长期过度放牧，导致牦牛“夏壮、秋肥、冬瘦、春死”的恶性循环，冷季掉膘可达自身体重的25%～30%。因此，了解放牧牦牛营养的研究进展情况，以便对牦牛进行合理补饲和科学管理、提高牧民收入、减轻草场压力、改善生态环境具有重要作用。日粮的能量水平决定饲料的消耗量以及蛋白质和其他营养物质的供给量，从而影响动物的生产性能及体内营养物质的吸收利用。研究显示，冷季节补饲能量饲料的牦牛其生产性能优于补饲蛋白质饲料的牦牛，表明对于冷季生长在高原地区的牦牛能量更为重要，是提高其潜在生长性能的重要因素。韩兴泰等（1998）发现，生长期牦牛代谢能维持需要量为458 kJ/($kg^{0.75}$ · d)，绝食产热量为(3.02±2) kJ/($kg^{0.75}$ · d)，精饲料型日粮下牦牛代谢能需要量的计算方程为ME (MJ/d)$=0.458m^{0.75}+(8.732+0.091m)\Delta G$，粗饲料条件下生长期牦牛能量需要量的计算方程为：$ME$ (MJ/d)$=1.393m^{0.75}+(8.732+0.091m)\Delta G$。

二、蛋白质需要

生长牦牛维持可消化蛋白质（DCP_m）的需要量估算公式如下：

$$DCP_m(\text{kg/d})=6.09W^{0.52}$$

式中，W 表示体重（kg）。

生长牦牛增重可消化蛋白质（$RDCP_m$）的需要量估算公式如下：

$$RDCP_m(\text{kg/d})=(0.001\,154\,8/6.09\Delta W+0.050\,9/W^{0.52})^{-1}$$

式中，W 表示体重（kg），ΔW 表示日增重（kg）。

三、矿物质需要

1. 钙、磷　钙和磷是牦牛体内含量最多的矿物质，约 99%的钙和 80%的磷存在于骨骼和牙齿中。钙、磷的适宜比例为（1～2）∶1。饲料中钙、磷不足或者比例不恰当时，牦牛食欲减退，生长不良，牦犊牛易患佝偻病，成年牦牛易患软骨症。

2. 钠、氯　钠和氯是胃液的组成成分，与消化机能有关，对维持机体渗透压和酸碱平衡具有重要作用，一般用食盐补充。补给钠和氯的常用方法是按照精饲料量混合 0.5%～1%的食盐，或者按照日粮中干物质量加 0.25%的食盐；或用盐和其他元素配制加工成矿物质舔砖，让牦牛自由舔食。

植物饲料一般含钠量低，含钾量高，青、粗饲料更为明显。钾能促进钠的排出，所以放牧牦牛的食盐需求量高于饲喂干饲料的牦牛，饲喂高粗饲料日粮耗盐多于高精饲料日粮。

3. 镁　镁是许多酶系统的活化剂，对肌肉和神经系统的正常活动也非常重要。早春牦牛大量采食青草时，可能产生缺镁痉挛症，表现为神经过敏、肌肉痉挛等。一般植物性饲料中所含的镁可以满足牦牛的需要。

4. 硫　硫不仅是构成蛋氨酸、胱氨酸等含硫氨基酸的组成成分，而且是瘤胃微生物消化纤维素、利用非蛋白氮和合成 B 族维生素必需的元素。一般蛋白质饲料含硫丰富，而青玉米、块根类含硫量低。在以尿素为氮源或用氨化秸秆、秸秆日粮饲喂时易产生缺硫现象，需补充含硫添加剂。

5. 钾　生长、育肥牦牛对钾的需求量为日粮干物质的 0.6%～1.5%，青、粗饲料中含有充足的钾，但不少精饲料的含钾量不足，故饲喂高精饲料日粮的牦牛有可能缺钾。犊牛生长期钾的含量在 0.58%时最佳。在热应激条件下，日粮中钾的含量为1.5%时能获得最佳的泌乳性能。日粮中钾含量的降低会影响牦牛的采食量。

6. 铁　铁主要和造血机能有关。牦牛缺铁会产生贫血症，食欲减退，体重下降。犊牛更为敏感，会发生严重的临床贫血症。通过给泌乳母牦牛饲喂富含铁的饲料，并不能增加乳汁中铁的含量；同时，如果铁摄入过量，会引起磷的利用率下降，导致软骨症。可以通过补充硫酸亚铁、氯化亚铁等的方式来补铁。

7. 锌　锌对动物的生长发育和繁殖具有重要作用，特别是对公畜的繁殖力很重要。缺锌时，牦牛生长受阻，皮肤溃烂，被毛脱落，公牛睾丸发育不良。锌与其他矿物质元素存在颉颃作用，日粮中铁、钙、铜过高会抑制锌的吸收。青草、糠麸、饼粕类含锌较高，玉米和高粱含锌较低。补锌常用硫酸锌、氧化锌、醋酸锌等，但是氧化锌的生物利用率是硫酸锌的44%。

8. 硒　硒参与谷胱甘肽过氧化酶的合成，参与机体的抗氧化作用，还对牦牛的繁殖有影响。母牛缺硒可引起繁殖机能失常，造成受胎率低，早期胚胎吸收和胎衣不下，犊牛表现“白肌病”。硒过量也会导致牦牛中毒，且中毒量和正常量之间相差不大。中毒表现症状为牦牛消瘦、脱毛、瞎眼、麻痹和死亡。补硒时，可将亚硒酸钠加入矿物质食盐中供牦牛舔食，补充量按每千克日粮干物质补充0.1mg硒。

9. 铜　铜对血红素的形成、骨骼的形成、毛发的生长均有重要作用。缺乏铜导致的主要症状包括贫血症、骨质疏松等。牦牛因缺乏铜会导致被毛干燥、易脱落，有时表现明显的颜色变化，皮毛由黑色变为暗褐色。一般饲料中含铜丰富，但长期在缺铜草场上放牧的牦牛可出现铜缺乏症。补铜可使用硫酸铜和氯化铜。

10. 碘　碘是甲状腺的重要组成成分。碘参与牦牛的基础代谢，可活化100多种酶。缺碘可引起甲状腺肿大，妊娠牛出现死胎、弱胎，犊牛及母牦牛的卵巢机能及繁殖性能受损。补碘可利用碘化钾、碘酸钾等。碘化钾可按每100kg体重添加0.46～0.60mg。

11. 钴　钴能被瘤胃微生物利用合成维生素B_{12}。缺钴时牦牛表现为食欲不振，成年牦牛形体消瘦，伴有贫血现象。牦牛对钴的需要量为每千克饲料干物质0.07～0.10mg/kg。缺钴地区可通过每100kg食盐中混入60g硫酸钴进行补饲，牦牛体内钴含量过高能降低其他微量元素的吸收率。

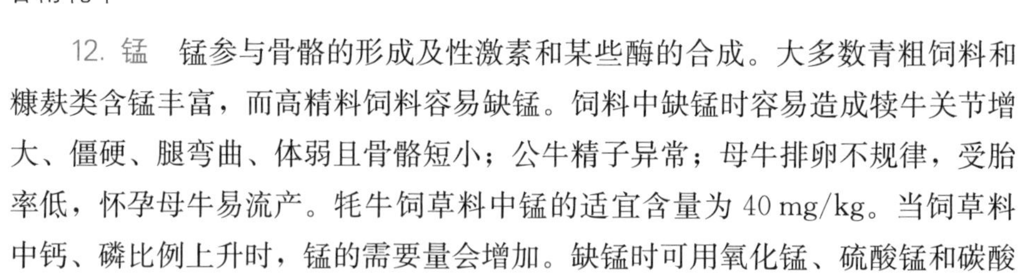

12. 锰　锰参与骨骼的形成及性激素和某些酶的合成。大多数青粗饲料和糠麸类含锰丰富，而高精料饲料容易缺锰。饲料中缺锰时容易造成犊牛关节增大、僵硬、腿弯曲、体弱且骨骼短小；公牛精子异常；母牛排卵不规律，受胎率低，怀孕母牛易流产。牦牛饲草料中锰的适宜含量为 40 mg/kg。当饲草料中钙、磷比例上升时，锰的需要量会增加。缺锰时可用氧化锰、硫酸锰和碳酸锰进行补充。

四、维生素需要

维生素是牦牛维持正常生产性能和健康所必需的营养物质。有充分根据说明，瘤胃微生物能够合成 B 族维生素及维生素 K。维生素 C 牦牛本身也能合成，无需从饲料中供应，就牦牛而言，需从饲草料中供给的维生素只有维生素 A、维生素 D 和维生素 E 3 种。但犊牛必须从饲草料内获得各种维生素。随着牦牛生产性能的提高及牦牛集约化养殖，饲草料中精饲料比例的增加及加工过程中对维生素的破坏，添加水溶性维生素对提高牦牛的生产性能、增强免疫机能和繁殖性能、减少疾病的发生有显著作用。

五、水的需要

水在牦牛体内主要参与饲料的消化吸收、粪便排出和调节体温。水的需要量受牦牛体重、环境温度、生产性能、饲草料类型和采食量的影响。在 4℃，牦牛的需水量较为恒定，夏天饮水量增加，冬季饮水量减少。牦牛冬季的饮用水温度要保持在 10℃左右，有条件的地方最好饮用温水，以减少饲料的损耗。实际生产过程中，最好给牦牛提供充足的饮水，让其自由饮用。夏天天气炎热，饮水不足可造成牦牛不能及时散热，不能有效调节体温。

第二节　甘南牦牛的放牧管理技术

牦牛群的饲养工艺和管理的技术水平及方法，受天然草地生态环境及其地理条件、生产方式、生产者的科学技术文化知识水平、宗教信仰等多种因素的制约和影响，不同地区甚至同一地区不同天然草地饲养的牦牛也有较大差异。目前，绝大多数地区的牦牛群是仅靠天然草地的牧草，获取它们以维持其生命、生长发育和繁殖等所需的矿物质和营养。

一、牧场的划分

一般将甘南牦牛的牧场按季节划分为夏、秋（暖季）和冬、春（冷季）牧场，其划分的基本依据主要是根据夏、秋牧场的海拔高度、地形地势、离定居点的远近和交通条件等。夏、秋两季牧场将草地选在比较远离定居点，海拔较高，通风凉爽，有充足的避风和水源的阴坡山顶地带；冬、春两季牧场则将草地选在定居点附近、海拔较低、交通方便、避风雪的阳坡山顶低地。牦牛牧场分布的一些高寒地区大多属于高山峡谷平原地形，牦牛分布区可利用的高寒草地区域总面积虽很广阔，但被高山深谷分隔，大多为相对“零星”的一小片草地，往往一个村、组、户使用的草地大多分散在几块草地或山梁上，每群牦牛只可以使用其中一两个草地或山梁的一小片草地。

二、牦牛的棚圈

甘南牦牛放牧的草地上，除有一些简易的配种架、供预防接种的巷道圈外，一般很少有圈舍设施。牦牛的棚圈只建于冬、春牧地，供牛群夜间使用。

1. 泥圈　泥圈是一种比较永久性的牧地设施，一般建在牧民定居点或离定居点不远的冬、春季牧场上，一户一圈或一户多圈，主要供泌乳牛群和犊牛群使用。泥圈墙高 1～1.2 m，大小以 200～600 m^2 为宜，在圈的一边可用木板或柳条编织后上压土方式搭建棚架，棚背风向阳。圈与圈之间用土墙或木栏相隔，栏内互通。在顶端的一个圈中，可建一个木栏巷道，供预防接种、灌药检查等用。

2. 粪圈　粪圈是利用牛粪堆砌而成的临时性牧地设施。当牦牛群进入冬、春冷季牧场时，在牧地的四周开始堆砌。牧民每天用新鲜牛粪堆积 15～20 cm 高的一层，过一昼夜，牛粪冻结而坚固，第 2 天又再往上堆一层，连续几天即成圈。圈的开口处与主风向相反，外钉一木桩，牦犊牛拴系在桩上，可自由出入圈门。

3. 木栏圈　用原木取材后的边角余料围成圈，上面可盖顶棚，用于关牦犊牛。木栏圈可建在泥圈的一角，形成圈中圈，即选取泥圈的一角，围以小木栏，开一低矮小门。圈内铺以垫草，让牦犊牛自由出入。夜间将牦犊牛关在其中，同母牦牛隔离，母牦牛露营夜牧，以便第 2 天早上挤乳。

三、放牧牦牛群的管理

根据牦牛胆小、易惊的特性，放牧员不宜紧跟牦牛群，以免牦牛到处游走而不安静采食。为防止牛只越界和狼群偷袭，放牧员可选择一处与牦牛群有一定距离、能顾及全群的高地进行瞭望和守护。牦牛群的放牧日程因牦牛群类型和季节不同而有区别。总的原则是：夏、秋季早出晚归，冬、春季迟出早归。以利于采食，抓膘和提供产品。

1. 夏、秋季的放牧　夏、秋季放牧的主要任务是提高产乳量，搞好抓膘和配种，使当年要屠宰的牦牛在入冬前出栏，其他牦牛只为越冬过春打好基础。牧民说“一年的希望在于暖季抓膘”。进入暖季后，力争牦牛群早出冷季牧场，在向夏季牧场转移时，牛群日行程以 10～15 km 为限，边放牧边向目的地推进。夏、秋季要早出牧、晚归牧，尽量延长放牧时间，让牦牛多采食。天气炎热时，中午应尽量在凉爽的地方让牦牛卧息反刍，出牧以后逐渐向通风凉爽的高山放牧，由牧草质量差或适口性差的牧场逐渐向良好的牧场放牧，可让牦牛在前一天放牧过的牧场再采食一遍。原因在于牛只刚出牧，此时比较饥饿，选择牧草不严，能采食适口性差的牧草，可减少牧草浪费。在牧草良好的牧场放牧时，要控制好牛群，使牛群成横队采食（牧民称“一条边”）或如牧民说的“出牧七八行，放牧排一趟”，保证每头牛能充分采食，避免乱跑践踏牧草或采食不均造成浪费。夏、秋季放牧根据安排的牧场或轮牧计划，要及时更换牧场和搬迁，使牛粪均匀地散布在牧场上，同时减轻对牧场特别是圈地周围牧场的践踏，这样可改善植被状态，利于提高牧草产量，也可减少被寄生虫感染的概率。当定居点距牧场 2 km 以上时就应搬迁，以减少每天出牧、归牧赶路的时间及牦牛体力的消耗。带犊泌乳的牦牛，10 d 左右搬迁一次，3～5 d 更换一次牧地。应按牧场的放牧计划放牧，而不应该赶放好草或抢放好草地，以免每天驱赶牛群为抢好草而奔跑，给牦牛健康和牧场造成不利影响。暖季也应给牦牛补饲食盐，每头月补饲 1～1.5 kg。可在圈地、牧场放置盐槽供牛只舔食（盐槽要注意防雨淋），还可以制作尿素食盐砖，放置于距水源较远处供牦牛舔食。

2. 冬、春季的放牧　冬、春季放牧的主要任务是保膘和保胎，防止牦牛过度瘦弱，使牦牛只安全越冬过春，妊娠母牦牛安全产仔，提高犊牛成活率。

进入冷季牧场后，牦牛膘满体壮，应尽量利用未积雪的边远牧场、高山及坡地放牧，邻近居民点附近的冬季牧场，风雪多，应留意气象预报，及时归牧，如风力达5～6级时，可造成牛只体表强制性对流体热损失多，牛只采食也不安。冬、春季放牧要晚出牧、早归牧，充分利用中午暖和时间放牧和饮水。晴天放阴山及山坡，还可适当远牧。风雪天近牧，或在避风的洼地或山湾放牧，即“晴天无云放平滩，天冷风大放山湾”。放牧牦牛群应顺风向前行，妊娠牛在早晨及空腹时不宜饮水，避免在冰滩放牧。在牧草不均匀或质量差的牧场上放牧时，要采取散牧（俗称“满天星”）的方式放牧，让牦牛在牧场上相对分散地自由采食，以便在较大面积上每头牦牛都能采食较多的牧草。冬、春季，怀孕母牦牛避免在冰滩地放牧，也不宜在早晨及空腹时饮水。冬、春季是牦牛一年中最乏弱的时间，除跟群放牧外，有条件的地区还应加强补饲。特别是大风雪天，剧烈降温时寒冷对体弱牦牛造成的危害严重，因此一般应停止放牧，在棚圈内补饲。

第三节　甘南牦牛公牛的饲养管理技术

公牦牛饲养管理的好坏，不仅直接影响当年配种和第二年的繁殖任务，而且也影响后代的质量，种公牛的选择对整个牦牛群的改良利用方面有着重要作用。俗话说“母牛管一窝，公牛管一坡”，这足以说明公牦牛在牛群管理中的重要作用，但优良公牦牛优异性状的遗传和利用效率只有在良好的放牧管理条件下才能充分显示出来。甘南牦牛以自然交配为主，因此公牦牛在配种季节日夜追随发情母牦牛，持续时间长，体能消耗大，应给公牦牛补饲蛋白质丰富的饲料。开始饲喂时种公牛可能不习惯采食，但形成条件反射后就会自由采食。总之，应该尽量采取补饲及放牧措施，减少配种季节种用公牦牛的体重下降，使其保持较好的繁殖力和精液品质。在非配种季节，为使公牦牛具有良好的繁殖力，公牦牛应与母牦牛分群放牧，或与阉牦牛组群，远离母牦牛群放牧。在条件允许的情况下，仍应该给予少量补饲，使其在配种季节到来时达到种用体况。

根据多年的实际生产经验，并结合当地天然草地、人工草地、人力资源、生产繁殖、生产周转和效益的提高等具体实际生产情况，应在每年春、秋两季将牦牛群进行合理调整，确保最佳牛群结构。

第四节　甘南牦牛母牛饲养管理技术

一、妊娠准备阶段的饲养管理技术

多年生产经验已证明，对配种前的母牦牛加强放牧，争取满膘配种非常重要。因此，对生产母牦牛的放牧方式需进行适当调整。春季是生产母牦牛经过漫长的枯草期，加上产犊泌乳，夏、秋季存在体内的营养物质被消耗殆尽，是全年体质最瘦弱的时期，从生理上急需补充营养，增膘复壮。但春季因牧草刚刚发芽返青不齐，母牦牛会因追逐青草而乱跑，造成走路多、吃到嘴里的青草少且吃一点青草后不愿再吃黄草的现象，使摄入的营养抵不上生产消耗，母牦牛反而恢复不了体质，膘情下降。故春季应把母牦牛放到阴坡青草尚未发芽、黄草多的牧地，等阳坡青草长到一定高度后再去放牧。夏季 7—9 月，牧草丰盛，水源充足，除放牧选择在最好的牧地外还应早出晚归，每天放牧 13 h 以上。如遇天气炎热，必须把母牦牛群放在山顶凉爽处。早、晚天气凉爽时牦牛特别贪食，应在太阳下山后让牦牛在牧地上继续采食，天黑后收牧，在此基础上对个别体况较差的母牦牛在回圈后进行适量精饲料或营养舔块补饲。9 月以后牧草结籽，营养成分很高，母牦牛吃后容易上膘，既是抓油膘的好季节，也是为配种和越冬过春蓄积营养物质的最好时期，因而要充分利用这一大好时机，精心放牧，突击抓膘，迎接配种。

母牦牛是季节性发情家畜，发情行为较普通牛不太明显。发情初期，母牛采食量减少，兴奋不安，喜爬跨别的母牛；发情中期，母牛主动寻找公牛，安静不动接受交配；发情后期，黏液呈黄色糊状，阴部黏膜变为淡红色。放牧员在放牧中要特别细心观察母牦牛的发情行为，在保证最佳发情时间内集中配种。母牦牛与其他牛种在发情上有不同的特殊行为，如在生产中出现很多母牦牛在发情季节内仅发情一次，不论是否受配受孕，以后再不发情，只等翌年发情季节来临时再出现发情。这是母牦牛为安全越冬过春、尽量减少体内营养物质消耗的实际生理本能，也是高寒牧区气候特点和生态环境造就了母牦牛的这样一种生理反应。因此，在本交中往往一次交配受孕成功，很少出现返情重配现象。在生产当中，格外精心管理、细心留意母牦牛的第一次发情和配种，对提高牦牛生产效益至关重要。

二、妊娠前期的饲养管理技术

母牦牛妊娠2个月内，胚胎在子宫内呈游离状态，并逐渐完成着床过程，胎儿将子宫内膜分泌的子宫乳作为营养过渡到靠胎盘吸收母体的营养。此期母牦牛对饲料的营养水平要求不高，基本与妊娠准备期相同，青草期放牧不给精饲料补饲或进行少量补饲，但放牧必须让母牦牛吃足牧草，体况保持在中等水平即可。如在此期补饲量过多，加之日粮营养水平又高，尤其是能量过高则会导致胚胎死亡，对妊娠不利。但饲养水平也不能过低，吃不饱、补饲精饲料品质低劣时，子宫乳分泌不足，也会影响胚胎的发育，甚至造成胚胎死亡，这一点在长期的实际生产工作中已有证实。同时在日常放牧管理中，重点要避免母牦牛吃霜草、霉烂饲料，以及避免母牦牛群受惊猛跑和饮用冰碴水；母牦牛要不爬大坡，不走暗道、冰道等，以防早期隐性流产。

三、妊娠中期的饲养管理技术

在母牦牛妊娠期5个月以前，胎儿的生长速度缓慢；母牦牛妊娠6～7个月，胎儿生长速度逐渐变快。此期正处在冬季的1—2月，气候最寒冷，牧草枯萎，常由于营养缺乏和饲养管理不当而造成胎儿发育不良、流产、初生犊牛体质弱，以及母牦牛分娩后乳量不足等问题。因此，仅靠放牧摄取牧草满足不了母牦牛的营养需求。当母牦牛进入妊娠中期时，应根据牧草量酌情确定补饲草料的种类和数量，以保证母牦牛在妊娠中期的营养需要。

四、妊娠后期的饲养管理技术

当母牦牛妊娠8～9个月时，正值妊娠后期的3—4月，也是牦牛掉膘最严重的时期。此月按季节来讲虽已进入春季，但对高寒牧区而言，气候仍然严寒且风大、雪灾频繁，枯草处于极度缺乏时期，同时又恰巧是胎儿日趋生长发育快、日增重大、营养需求高的关键时期。故对后期母牦牛的管理应放在保膘、保胎、防止乏弱等上。具体仍然以放牧为主，掌握晚出牧、早收牧时间，放牧时不追不赶，任母牦牛自由行走，充分利用中午暖和时间放牧，午后饮水。在此基础上应根据妊娠母牦牛的膘情情况、草料贮备，有计划、有重点地进行适当补饲干草和精饲料。如条件许可，妊娠母牦牛应单独组群在优质牧地上放牧，以及补饲适当青贮饲料，尤其是胡萝卜等多汁饲料，以利于增乳和提高犊牛出生体重。在日常放牧中应防止母牦牛拥挤、猛跑、采食冰冻或霉烂饲料。在补饲中对初产母牦牛应防止过度饲养，以免出现难产。对一般母牦牛，保证中上膘情即可，不要过肥、过瘦。对临产母牦牛还应特别注意饲养护理，这对母牦牛顺产、提高犊牛成活率均十分重要。母牦牛产前5～7 d，放牧距离不要过远；同时，应逐渐改喂哺乳期日粮，以防产后突然变更饲料引起母牦牛消化不良，出现犊牛下痢。在这基础上还应适当增减日粮。如果母牦牛膘情好，乳房膨大明显，则产前7 d应逐渐减少喂料量，至产前1～2 d减去日喂量的一半。如母牦牛膘情较差，乳房干瘪，则不但不减料反而还应加喂豆饼等蛋白质含量较高的饲料，以防母牦牛产后无乳。在正常体况下，母牦牛产前1～2 d应停料，只喂鼓皮汤或淡盐水。另外，还应注意虽然母牦牛出现难产的概率不高，但在初产母牦牛上时有发生，故应提前充分做好一切助产的准备工作。

第五节　甘南牦犊牛的饲养管理技术

一、新生牦犊牛的护理

1. 接犊　母牦牛分娩时，应先检查胎位是否正常，遇难产应及时助产。胎位正常时尽量让其自然产出，不可强行拖拉。

2. 清除黏液　牦犊牛出生后立即清除其口鼻中的黏液，尽快使其呼吸，并轻压其肺部，以防黏液进入气管。母牦牛刚产时应舔犊，若不舔犊则用食盐诱之。

3. 脐带消毒　母牦牛分娩后，犊牛脐带往往被自然扯断。如断裂的位置合适，只需将脐带内的血液挤出，然后用5%碘酒浸泡消毒即可；如断裂过短，则需要对脐带用细线进行结扎。另外，如新生犊牛脐带未自然扯断，应急时在距离腹部10 cm处剪断，断端用5%的碘酒浸泡1～2 min并进行消毒。

4. 编号与登记　犊牛出生后要打耳标，登记犊牛号、性别、出生日期、出生重、父母号等。

5. 尽早吃上初乳　初乳具有特殊的生物学特性，是新生牦犊牛不可缺少的食物。初乳覆盖在胃肠壁上能阻止细菌进入血液。初乳中除具有较多的干物质、矿物质和蛋白质外，还含有溶菌酶和抗体蛋白，能杀灭多种病菌；初乳中的维生素A和胡萝卜素含量高，能促进犊牛生长；酸度较高，可使胃肠内呈酸性，不利于细菌繁殖；初乳中的镁盐也比常乳多1倍，有轻泻的作用，能帮助牦犊牛排出体内胎粪。一般在产后0.5～1h，最迟不超过2h让牦犊牛吮吸到占其体重6%的初乳，第二次哺乳应在出生后6～9h。牦犊牛一般采用随母哺乳的方法培育，牦犊牛出生后将其头引至母牦牛乳房下，挤出乳汁于手指上，让牦犊牛舔食，并将其引至母牦牛乳头处吮乳。

二、牦犊牛的营养需要

1. 采用全哺乳培育或代乳品培育　牦牛的泌乳量低，不能满足犊牛生长发育的需要。因此，尽可能采用全哺乳培育或犊牛出生后2月龄内全哺乳，然后半哺乳加上代乳品及饲草喂养的方式，以满足牦犊牛生长发育的营养需要。

2. 及时补饲草料　从出生后2周开始，给牦犊牛补饲植物性饲料，可刺激其瘤胃生长发育，并有助于以后产肉潜力的发挥。投喂优质幼嫩青干草，让牦犊牛自由采食，并及时补充开食料。出生10d后，可训练牦犊牛吃开食料。开始时可将开食料（10～20g）涂抹在牦犊牛的口角、鼻或奶桶内，任其自由舔食。数日后开食料可增加至80～100g。1～2月龄时喂量不断增加。精饲料采食训练的成功与否是能否实现牦犊牛早期断奶的关键，但喂料要注意量。

3. 合理饮水　在牦犊牛出生1周后，可以诱导其饮水。最初可先在水中加少量乳液，10d以内给36～37℃温开水，10d以后给以常温水，但水温一般不能低于15℃。

4. 断奶技术　在母牦牛妊娠后期和牦犊牛出生后3个月内，若营养限制程度较严重，必导致牦犊牛生长发育受阻，以后难达到“补偿生长”。牦犊牛随母哺育时，传统断奶时间5～6个月，即当年3—4月产犊后随母哺乳到9—10月。如因母牛缺营养、无奶可哺，则可自然断奶。但大多数未怀孕母牛到第2年5月牧草萌发后，随母哺乳牦犊牛继续哺3～4个月后才断奶。为提高母牦牛的配种怀孕率，提倡牦犊牛早期补饲草料，当年及早断奶。

5. 断乳后牦犊牛的管理　断乳后的牦犊牛实行分群放牧，牛群规模因草场面积、管理水平及种类而异，每群牦犊牛数量以50头为宜。严格控制种公牛入群，以免出现未完全成熟配种。

第六节　甘南牦牛的育肥管理技术

牦牛肌肉的生长主要是肌纤维增大使肌肉生长速度快，初生犊牛的肌肉发

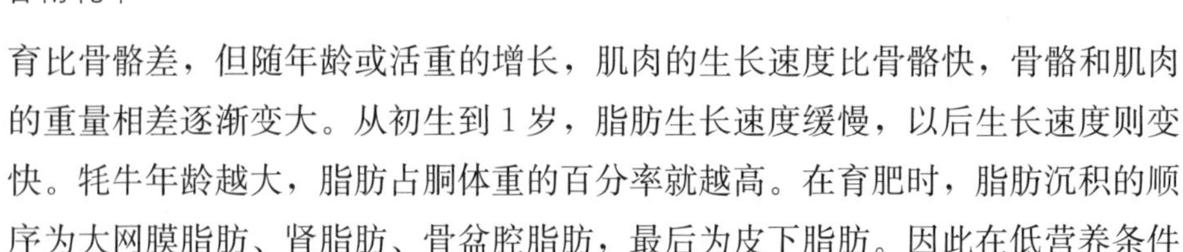

育比骨骼差，但随年龄或活重的增长，肌肉的生长速度比骨骼快，骨骼和肌肉的重量相差逐渐变大。从初生到1岁，脂肪生长速度缓慢，以后生长速度则变快。牦牛年龄越大，脂肪占胴体重的百分率就越高。在育肥时，脂肪沉积的顺序为大网膜脂肪、肾脂肪、骨盆腔脂肪，最后为皮下脂肪。因此在低营养条件下，必须根据牦牛的肌肉生长特点科学管理，以便产出优质的肉品。

一、育肥牦牛的选择和年龄

1. 育肥牦牛的选择　育肥牦牛在收购过程中如果选择失误，可造成育肥场（户）较大的经济损失。因此，从市场购入牛源时，要通过观察、触摸、询问、称重等方法严格选择。

2. 育肥牦牛的年龄

（1）犊牛　增重速度一般在1周岁以内较快，随年龄增长而渐减。犊牛对饲料的采食量比成年牛的少，放牧育肥时增重速度比成年牛的差，即采食的牧草量不能满足其最大增重的需要。犊牛在生长期采取放牧与喂养相结合的饲养方式，以后对短期进行舍饲育肥较有利，也可放牧兼补饲，或者生长和育肥同时进行。但总体来讲，犊牛延长饲养或者育肥比成年牛有利。1岁以内的犊牛收购时投资少，经过冬、春季的“拉架子”，饲喂较多的粗饲料，在翌年夏、秋季育肥出售时经济效益高；但冬季须有保暖的牛舍等，所需投资较多。

（2）成年牦牛　年龄越大，每千克增重消耗的饲料越多，成本越高，育肥后肉质差，经济效益不如犊牛。成年牦牛育肥后脂肪主要储存在皮下结缔组织、腹腔及肾、生殖腺周围和肌肉组织中，胴体和肉中脂肪含量高，内脏脂肪含量高，瘦肉或优质肉切块比例减少，在有丰富碳水化合物的饲养条件下，短期进行育肥并及早出栏经济效益高。因成年牛采食量大，耐粗饲，对饲料的要求不如幼牛严格，比幼牛容易上膘或增重快，所以短期强度育肥成年牛比育肥幼年牛有利。秋末购入成年牛特别是老牛，经过冬、春季饲养在翌年秋末出售，饲养期太长，增重和经济效益明显下降或不如幼牛。

二、牦牛育肥实施前的准备

1. 育肥牦牛的准备　经驱赶或运输进场的育肥牛，要先饮水（冷季饮温水），让其自由采食良好的粗饲料。粗饲料的饲喂量要看牦牛的排便情况，先少量饲喂（不超过活重的1%），以后再逐渐增加。当育肥场的饲料同牛原产地的饲料相差很大时，要准备一些原产地饲料，防止转换过急。正式育肥前，一般要有 10～15 d 的过渡饲养期，观察牦牛有无疾病、恶癖等，发现病牛时要隔离治疗。对群中角长而喜争斗的牦牛应去角或拴系管理，对育肥牦牛要进行防疫注射和驱虫，并喂 1～2 次健胃药（中草药或人工盐）。随着过渡饲养期的结束，牛逐渐适应外环境及饲料时，饲喂的日粮也要接近育肥期的喂量和标准，对牦牛进行称重或估算体重（育肥开始重），按活重、年龄等进行编号、分群或牛舍内拴定位置，进入正式育肥期。

2. 饲草料的准备　育肥前要拟定育肥牦牛数量、饲草料需要量计划，结合当地或周边地区的饲料资源、市场价格、饲草料的适口性等，尽早准备饲草料。架子牛、种间杂种牛对饲料的质量要求高，因此要多准备品质好的干草和含蛋白质丰富的精饲料；成年牦牛应准备较多的秸秆、饼粕及含碳水化合物丰富的饲料。饲料的成分或营养价值相近，但市场价格差异大，可选购廉价的、在日粮中可以相互替代的饲料，以配合最低成本的平衡日粮。

三、育肥期的饲养管理技术

1. 全放牧育肥　全放牧育肥是牧区的传统育肥方式，育肥期长，牦牛增重低，但不喂精饲料，成本低廉。利用暖季的牧草放牧育肥 100～150 d，一般选择在 7—10 月进行。草场选择夏、秋季牧场，要求是高山凉爽、蚊蝇少、牧草生长旺盛、草籽多的地段。放牧时间为 5：00～22：00。为了让牦牛更多地采食牧草，力争膘肥体圆，最好采用全天候 24 h 放牧法。保证每日饮水两次，或在水源充足的地段让牦牛自由饮水。

转场轮牧按季划片进行，是国内外合理利用草场资源、提高牦牛生产力的有效途径。即每隔 15～20 d 转换草场一次，充分利用边远高海拔草场的优质牧草进行育肥，育肥期一般为 90～120 d，也可根据草场情况和市场行情适当缩短和延长。

2. 放牧兼补饲育肥　适宜月份为 6—12 月，以 9—12 月最佳。草场应选择在秋季牧场、冬季牧场或过渡牧场，要求是牧草丰茂、草籽丰盈、水源充足、离圈较近。育肥牛应选择 8～10 岁的经产母牛、空怀母牛和牦犊牛及体况较差的阉牛。暖季因牧草含蛋白质较多，所以应补饲一些碳水化合物含量丰富的饲料，每日补饲精饲料 0.5 kg、青草 3 kg。冷季牧草枯黄，蛋白质含量降低，应补饲含蛋白质较多的混合料或配合料，每日补饲精饲料 0.75 kg、青干草 2 kg。

放牧在早霜消融后（8：00～9：00）出牧，应选择在阳坡山腰地段放牧；下午选择在阴坡山根地段放牧，在太阳落山前（17：00～18：00）收牧。每日保证两次饮水，有水源时自由饮水。育肥期以 80～100 d 为宜，如果延长，育肥时长，则会增加投入，提高成本，也应根据肉价、上市季节、市场行情而定。放牧兼补饲育肥期平均日增重应达到 600 g 以上，最低不能低于 500 g。育肥结束后，成年牦牛平均体重最低要求应达到 320～340 kg，6 月龄犊牛体重最低要求应达到 140～150 kg。

3. 全舍饲育肥　育肥期 90～120 d，短期集中育肥，全年都可进行。选择对象为健康无病的老母牛、体况较差的淘汰阉牛及 18 月龄犊牛等。棚圈以标准化、规范化的暖棚为好，要求清洁、干燥、通风良好。

为了提高育肥效果，可将育肥期分为三个阶段：第一阶段（20 d 左右），主要让牦牛适应舍饲管理环境和舍饲草料，日增重较低；第二阶段（60 d 左右），为主要增重时期，可以保持较高的日增重；第三阶段（20～40 d），牦牛可能出现食欲降低情况，日增重不如第二阶段，但尽量提高日增重。为了增加育肥牛的食欲，在育肥中后期要经常注意调节日粮的种类，满足牦牛对维生素 A、维生素 E 和钙、磷的需要，并适当增加食盐的量。从育肥期开始要逐渐减少牛只活动量，及时清除粪便，铺以垫草。平均日增重应达到 700～850 g，最低不能低于 600 g。成年牦牛平均体重最低要求应达到 340～360 kg，18 月龄犊牛平均体重最低要求应达到 150～170 kg。

四、牦牛错峰出栏技术

牦牛错峰出栏技术主要目的是转变传统的牦牛生产方式，使其适应现代集约化规模化养殖，缓解草原超载过牧，减少牦牛掉膘死亡，缩短饲养周期，保障鲜牦牛肉季节稳定均衡供给，增加农牧民收入。由于牦牛生活区牧草供应在一年四季中很不平衡，因此大部分牦牛产区都是在牦牛经过几年的累积生长后，在冷季到来之前将其集中出栏屠宰出售。采取这种方式主要是因为：一是牦牛体重已达到了一年当中的最大值，二是可减轻冷季草场载畜压力。但是这种集中出栏方式也存在不少弊端：一是给屠宰加工企业造成很大的生产压力，而在接下来长达 9 个月的时间里，屠宰加工企业无原料来源，不能均衡生产；二是牦牛肉市场供应不平衡，每年 2—5 月市场上只有黄牛肉，基本无牦牛肉出售，6—11 月以本地屠宰的牦牛、犏牛牛肉为主，12 月至翌年 1 月以冷冻牦牛肉为主；三是养殖户都集中在枯草期到来之前使牦牛出栏，造成短时间内市场上牦牛肉供大于求，出售价格相对较低。

错峰出栏采用舍饲技术进行牦牛短期育肥。马登录等（2014）对秋季未达到出栏标准的牦牛进行错峰出栏研究，经 60 d 的放牧加舍饲育肥后，不同补饲组牦牛均比自然放牧组显著增重，经济效益明显。实践证明，牦牛错峰出栏技术在避免牦牛冷季掉膘失重的同时能显著提高牦牛生产性能、饲草料利用率和牦牛养殖效益，实现牦牛肉的全年均衡供给，可以获得较高的经济效益和较好的生态效益。

第八章
甘南牦牛保健与疫病防控

第一节 保　　健

保健是动物福利的基本要求和有效避免疾病发生的基础，而疾病防治为动物保健提供了安全保障，二者密切相关、相辅相成。牦牛保健的目的是保障牦牛健康生长，减少经济损失，为人们提供安全、放心的高品质牦牛产品。而良好的生长环境、均衡的营养及规范的管理既是牦牛保健的重要内容，也是保障牦牛产业经济效益的先决条件。要做好牦牛保健与疾病防治工作，就要转变传统养殖观念，采取相应的综合防控措施，并以牦牛健康生长为目标，整体统筹，合理利用牧场资源，使牦牛养殖业健康可持续发展。

一、环境保健

1. 牧场环境保护　近年来，国家极其重视畜牧业产业化发展和环境保护，相继出台了《畜禽规模养殖污染防治条例》《畜禽养殖业污染防治技术规范》《畜禽养殖污染防治管理办法》《畜禽养殖业污染物排放标准》等一系列法律法规和技术规范，为现代牧场环境保护、建设和利用提供了依据，增强了各级从业人员的环境保护意识和养殖管理水平。牧场环境保护方面，一定要严把牛场建设审批关，严格执行环境影响评价；强化牦牛场生产生活污水及粪便的综合治理工作，防止任意排污现象的发生。同时，设置合理的牦牛场绿化设施，建立防护屏障；合理饲喂饲料，减少剩料、抗生素及添加剂的使用量；加大对牦牛场污染物的无害化处理与资源的循环利用力度，如修建沼气池、设立专业的有机肥生产中心等，最大限度地减少污染源的产生。

2. 牦牛场环境建设　应根据牦牛生活习性选址，牛场布局要合理，营造适于牦牛健康生长需要的保健环境。牛舍空间要足够大、环境干燥、清洁通风，牦牛可自由活动，降低牛只生产性疾病的患病概率，如牦牛的呼吸道疾病、乳房炎、腐蹄病和繁殖性疾病。牦牛场空气温度、相对湿度、流通量、尘埃水平和有害气体浓度都应进行监测并控制在安全水平之内，及时清除污水和粪尿，避免在舍内积存。放牧区和养殖场周围 3 km 内无大型化工厂、采矿场、皮革厂、活畜交易市场及其他污染；保证牦牛饮用水清洁卫生，不应含有致病微生物和超标的有害金属元素。

二、管理保健

1. 放牧管理　放牧管理要做到科学化，加强牧场的日常管理工作，结合甘南州地理和季节特征，做好管理保健，保证牦牛放牧管理的有效性。根据牧区四季气温变化的特点，科学选择具体的放牧时间，如春季昼夜温差大，要在温度较高时间段放牧，并控制牦牛采食量，避免因温差过大等原因造成散养牦牛腹泻等疾病的发生；夏季温度适宜，可选择高山且凉爽的草场放牧，避免牦牛中暑或出现热应激反应；秋季放牧管理的重点是抓秋膘，牧区气温下降，可根据牧草状况选择 12 h 或 24 h 放牧方式；冬季天气寒冷，宜在 9：00 之后温度较高时间段放牧，可适当补充营养，提高牦牛抵抗力。此外，加强草场卫生和资源管理，避免过度放牧，放牧后及时清理粪便、垃圾等，保持优良的草场卫生条件，避免疫病传播，降低放牧对草原环境的污染。

2. 消毒管理　消毒管理要做到规范化和制度化。不合理的消毒不仅对人畜有副作用，还会造成牧场环境的二次污染。甘南牦牛大多属于牧户分散饲养，要求农牧户每 20～30 d 对圈舍、饲养器具消毒 1 次。对育肥牦牛场大环境每周消毒 1 次，牛舍和器具每周消毒 2 次，使用的消毒液要用不同的种类轮换交叉使用，防止产生抗药性，具体消毒方法如下：

（1）环境消毒　牛场门口和牛舍门口应设消毒池，池内经常置换生石灰，出入人员必须消毒。场区内污水池、排粪坑和下水道每 30 d 用漂白粉消毒 1 次。

（2）牛舍消毒　牛舍缓冲间设置紫外线杀菌灯，入舍人员应照射杀菌 5 min。应每天清除牛舍中的粪便和废弃物，消灭蚊虫，保持圈舍的清洁卫生。每批牛只调出后，要彻底清扫干净牛舍，用高压水枪冲洗，然后进行喷雾消毒或熏蒸

消毒。饲槽和饮水槽每天彻底清扫干净，水槽要经常换水，每 7～14 d 用 10%～20%火碱溶液消毒 1 次。

（3）用具消毒　牛场内所有用具要各自专用，每 15 d 用 0.1%新洁尔灭溶液或 0.2%～0.5%过氧乙酸溶液消毒，然后在密闭的室内进行熏蒸。

（4）人员消毒　牛场管理人员和饲养人员应定期进行健康检查，传染病患者不得从事饲养和管理工作。工作人员进入生产区应更换工作服，并进行消毒。工作服不应穿出场外，每 15 d 用新洁尔灭溶液清洗消毒。严禁外来车辆和人员进入场区，确实需要进入必须严格消毒。参观人员进入场内应更换场区工作服和工作鞋，并遵守场内卫生防疫制度。

三、营养保健

营养保健可提供平衡营养，促进牦牛健康生长，提高牦牛的生产性能及繁殖性能。针对牦牛不同时期的生长需求，应配备营养充足、适口性好、易消化吸收的全价日粮，使其各种氨基酸、维生素、微量元素等多种营养物质充足和平衡。任何一种营养素过多或过少都会影响牦牛的健康成长。某种营养素过多很可能会造成另一种营养素的吸收不良，而多余的营养素就会被代谢掉，造成浪费。同时有些常量与微量元素之间具有颉颃作用，某些常量元素摄入过多，极有可能会影响到其他营养素的吸收利用，有的甚至会导致牦牛中毒。

四、药物保健

定期使用预防性药物，可有效预防牦牛疾病的发生。药物的使用必须符合《中华人民共和国兽药典》《中华人民共和国兽药规范》《中华人民共和国兽用生物制品质量标准用药规范》《动物性食品中兽药最高残留限量》的规定。预防性药物应使用兽药主管部门批准公布的抗生素、中草药及抗寄生虫药物，严禁使用淘汰药品、违禁药品和过期药品；同时，不得大量使用抗生素，一般连续使用 2～3 d 即停药，以免产生抗药性或药物残留。

五、疫苗保健

定期对牦牛进行疫苗接种，可有效增强牦牛对相应疾病的抵抗能力。牦牛场应根据《中华人民共和国动物防疫法》等的要求，结合甘南州当地流行病学特点，严格按照疫苗免疫规程和免疫方法，对牦牛进行疫病的预防接种工作。免疫时间以各地不同生态条件和不同寄生虫病的流行病学规律为依据，采取集中、定期的药物防治和综合防治。实行全群防治，应重点防治幼年牛、母牛和老弱牛。对繁育区、牦牛饲养场的牛群按照“常年防疫”的方法对口蹄疫、炭疽等疫病保持每年2次预防接种，以便保证牛群的健康。免疫要根据《中华人民共和国动物防疫法》及NY/T 473—2001的要求，但是活疫苗应无外源病原污染，灭活疫苗的佐剂未被牦牛完全吸收前其产品不能作为绿色食品出售。防治人员须经兽医专业技术培训，持证上岗，严格执行操作规程，做好人畜防护安全工作。

第二节　主要传染病的防控

疫病防治是牦牛养殖中的一项重要内容，因其关系牦牛的生产性能及其养殖经济效益。目前牦牛仍以放牧为主，各类疾病的发生是困扰牦牛业发展的主要因素之一，每年给牦牛饲养者造成十分严重的经济损失。根据流行病学调查，发生于牦牛的传染病主要有20多种，包括细菌性疾病和病毒病，如炭疽、布鲁氏菌病、巴氏杆菌病、牦犊牛大肠埃希氏菌病、沙门氏菌病、传染性胸膜肺炎、结核病、肉毒梭菌中毒病、口蹄疫、病毒性腹泻-黏膜病、传染性鼻气管炎、轮状病毒感染、传染性角膜结膜炎等。其中一些是人兽共患病，如牦牛炭疽、牦牛布鲁氏菌病、牦牛结核病等。下面简要介绍几种牦牛重要传染病。

一、口蹄疫

口蹄疫是由口蹄疫病毒（Foot and mouth disease virus，FMDV）引起的一种急性、热性、高度接触性传染病，藏语称“卡察欧察”。国际兽医局将其列为A类动物传染病之首。牦牛口蹄疫传播范围广，在甘南州7县均有发生；且传染性强、传播速度快，多种动物共患，是危害牦牛业最为严重的疾病之一，可造成犊牛死亡、产奶产肉量下降、产品出口受限等，给牦牛养殖业造成巨大的经济损失。本病一般秋、冬季节多发，呈流行或大流行，每隔2～3年流行1次，具有一定的周期性。病牛的血液、淋巴液、水疱液、口涎、泪、奶、尿和粪便中均含有FMDV。健康牦牛可通过多种途径传播疾病，如消化道、呼吸道、受损皮肤及各种传播媒介。FMDV耐热性差，85℃处理1 min、

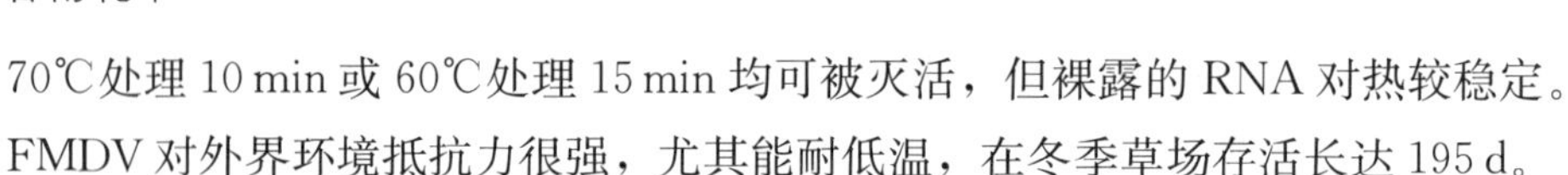

70℃处理 10 min 或 60℃处理 15 min 均可被灭活，但裸露的 RNA 对热较稳定。FMDV 对外界环境抵抗力很强，尤其能耐低温，在冬季草场存活长达 195 d。

牦牛极易感染口蹄疫，甘南牦牛以 O 型和 Asia Ⅰ型口蹄疫感染居多，感染潜伏期一般为 2～7 d。临床上以口腔黏膜、蹄部和乳房皮肤发生水疱和溃疡为典型特征。发病初期病牛体温升高，采食量减少，口腔黏膜出现水疱、流涎，呈白色泡沫样，继而水疱破裂形成红色浅表的溃疡。成年牛一般呈良性经过，死亡率不超过 2%。犊牛发病多看不到特征性水疱病变，而主要表现为出血性肠炎和心脏麻痹，致死率较高。

此病防治的关键在于预防。应制定严格的卫生防疫制度，及时接种疫苗，日常加强消毒管理。发现感染病例应及早隔离，加强护理的同时积极治疗。一旦发生口蹄疫疫情，严格按照应急预案防控的要求封锁疫区，病死牦牛一律进行深埋或焚烧等无害化处理，同时彻底消毒。对疫区和受威胁区的所有牦牛实施紧急免疫等，避免疫病的传播而威胁到其他牦牛。目前，每年 3 月和 9 月中下旬甘南州各级动物防疫和检疫部门对牦牛进行 O 型和 Asia Ⅰ型二价灭活苗强制性免疫，较好地控制了本病的发生。牦牛场环境和器具等消毒可用 2%氢氧化钠溶液、0.2%过氧乙酸氢氧化钠溶液、卫康、农福等，灭菌效果好。

临床治疗需对症施治。口腔溃烂用碘甘油涂抹；蹄部感染可用 3%克辽林溶液洗涤擦干后涂抹松馏油，然后用绷带包扎；乳房感染用肥皂水洗涤干净，涂抹青霉素软膏或甲紫溶液、碘甘油等，并定期挤出乳汁，避免发生乳腺炎。待最后 1 头病牛痊愈或经无害化处理后 2 周，无新增病例出现时，经彻底消毒处理后方可解除封锁。

二、病毒性腹泻-黏膜病

牦牛病毒性腹泻-黏膜病是由病毒性腹泻-黏膜病病毒（Bovine viral diarrhea virus，BVDV）引起的一种牛急性热性传染病，又称“拉稀病”，牧民称“小牛瘟”。本病传染性高，牦牛感染率可达 30%以上。具有明显的季节性，以春季和冬季发病较多，病牦牛可通过乳汁、眼泪、尿液、呕吐物、粪便及胎盘等方式进行病毒传播。健康牦牛可经空气、土壤、水及共用饲养用具被感染，多数牦牛感染后无明显临床症状。

该病潜伏期为 6～8 d，临床以发热，消化道黏膜糜烂、溃疡、脱落，腹泻，繁殖障碍等为主要特征。该病易形成持续性感染，引起免疫抑制，导致继发感染，给牦牛业造成巨大经济损失。疫苗接种和加强饲养管理是预防和控制病毒性腹泻的主要方法，猪瘟兔化弱毒苗、牛病毒性腹泻弱毒苗和灭活苗等均能对牛病毒性腹泻起预防作用。用猪瘟兔化弱毒苗对牦牛进行免疫注射，每头牦犊牛注射 3 个猪免疫单位，成年母牦牛每头注射 6 个猪免疫单位，可以很好地预防牦牛病毒性腹泻-黏膜病的发生。此外，采用有效的诊断技术，如血清学抗体检测方法和抗原检测方法，对牛群 BVDV 的感染情况进行动态监测，及时发现和淘汰阳性感染牦牛，能逐步实现 BVDV 的净化。

三、炭疽

牦牛炭疽是由炭疽杆菌（*Bacillus anthracis*）引起的一种急性、热性、败血性传染病，藏语称“沙乃”，我国将其列为二类动物疫病。本病呈散发或地方性流行，一年四季均有发生，但夏、秋季节发病多。病死牛的血液、内脏和排泄物中含有大量菌体，若处理不当可致环境、水源污染，造成疫病传播。健康牦牛可经消化道、皮肤和呼吸道感染。10%氢氧化钠溶液和 20%漂白粉杀菌效果较好，可用于消毒疫区牛舍。

病牛表现为急性败血症，其临床特征是发病突然，高热，可视黏膜发绀，天然孔出血，死后尸僵不全，血凝不良，皮下及浆膜组织呈出血性浸润和脾脏肿大。确诊该病后应及时上报有关单位，立即封锁隔离；种牦牛可用抗炭疽血清和磺胺嘧啶、青霉素、链霉素治疗。紧急预防可接种无毒炭疽芽孢苗和Ⅱ号炭疽芽孢苗。病死牦牛严禁剖检，需按照相关规程进行深埋或焚烧等无害化处理。用大剂量的抗生素治疗效果良好，同时对病死牦牛按照相关规程进行处理。牦牛炭疽散发，有一定的区域流行性，虽然有疫苗可供预防该病，但目前尚未列入强制免疫范围，只是在发病后作为紧急预防接种用。由于该病是人兽共患病，因此建议在流行地区进行强制免疫接种，以减少该病造成的损失。

四、布鲁氏菌病

布鲁氏菌病是由布鲁氏菌（*Brucella*）引起的一种人兽共患的慢性传染病，俗名“流产病”，简称“布病”。世界动物卫生组织将其列为 B 类动物疫病，我国将其列为二类动物疫病，是国际贸易卫生检疫中必检的传染病之一。牦牛分娩或流产后，布鲁氏菌随胎儿、胎衣、胎水、乳汁及阴道分泌物排出。

健康牦牛食入被布鲁氏菌污染的饲料、饮水后经消化道感染，本病也可通过皮肤和黏膜感染或交配感染，被该病原菌污染的物体及吸血昆虫也是扩大再感染的主要媒介。牦牛饲养人员要加强自身防护，特别是在牦牛发情、配种、产犊季节，要搞好消毒和防疫卫生工作。

该病潜伏期一般为14～120 d。病牛发病特征是生殖器管、胎膜及多种组织发炎、坏死，引发流产、不育及睾丸炎。母牛感染后除流产外，一般无全身性的特异症状，流产多发生在妊娠后期（第5～7个月）。流产前病牛食欲减退，精神委顿，起卧不安，阴道中流出黄色、灰黄色黏液，流产母牦牛多发生子宫内膜炎，排污秽恶露，常伴发胎衣不下，造成不孕；公牛患病后发生睾丸炎、附睾炎及关节炎；犊牛感染后一般无症状，但性成熟后对本病最为敏感。

采取以疫苗接种为主、检疫扑杀为辅的策略，同时实施以群体和地域净化为主的综合防控措施。牦牛布病预防可每年定期注射布鲁氏菌苗，注射密度100%。疫苗包括M5号菌苗、19号菌苗或S2号菌苗。通过气雾或饮水免疫，免疫期可达1年以上。

本病无治疗价值，一般不予治疗。疫区范围内的牦牛应每月检疫1次；经检疫发现阳性和可疑病牛应及时隔离；可疑病例用土霉素、金霉素或磺胺类药物治疗；确诊阳性病牛的处理，须在防检人员的监督指导下，全部进行淘汰及无害化处理；逐步净化，成为健康牛群。加强消毒管理，流产胎儿、胎衣、羊水和产道分泌物必须妥善消毒后深埋；对污染的场所和各种饲养用具用来苏儿、10%～20%石灰乳、2%氢氧化钠溶液等进行彻底消毒。牛皮要用3%～5%的来苏儿浸泡后方可利用，乳汁要煮沸消毒，粪便要发酵处理。

五、巴氏杆菌病

牦牛巴氏杆菌病又称为牦牛出血性败血症，简称“牦牛出败”，藏语称之为“苟后”，是由多杀性巴氏杆菌（*Pasteurella multocida*）引起的一种败血性传染病。该病传染快、致死率高，是牧区重点防控的疾病之一。牦牛出败呈散发或地方性流行，一年四季均可发生，但秋、冬季节发病较多；一般壮年牦牛易感染，发病率较高。健康牦牛大多因采食被病畜分泌物和排泄物所污染的饮水、饲料等通过消化道感染。用10%石灰乳、1%氢氧化钠溶液或2%来苏儿等均可杀死巴氏杆菌；此外，本菌对磺胺和土霉素敏感。

该病急性经过时呈败血性变化，病牛突发高热，被毛松乱，停止采食，鼻镜干裂；继而腹痛、下痢，粪便恶臭并混有血丝或伴有血尿，病牦牛常在1d内死亡。慢性经过时则表现为皮下组织、关节、各脏器的局限性化脓性炎症。

该病防治主要是改善卫生条件，加强牦牛的日常饲养管理，增强牦牛的抵抗力。疫病发生后，应立即隔离病牛，封锁疫区。病死牦牛进行无害化处理，严禁食用或销售受污染的牦牛肉和相关制品。可使用强力消毒灵或兽用50%来苏儿水对污染环境和用具进行严格消毒，但应交替、轮换使用2种以上的消毒剂，避免产生耐药性。危重病牛用抗巴氏杆菌病的高免血清或磺胺嘧啶、链霉素进行治疗，并辅以解热镇痛、纠正酸中毒、消除水肿等对症治疗。健康牦牛可定期注射牛巴氏杆菌灭活苗（牛出血性败血症氢氧化铝疫苗），但勿与其他疫苗或抗生素等药物同时使用，以免降低免疫效果。有条件的可及时转场，避开污染区。

六、结核病

牦牛结核病是由结核分枝杆菌（*Mycobacteria tuberculosis*）引起的一种人兽共患慢性传染病。其临床特征为病牛渐进性消瘦，以及肺或其他组织器官内形成结核结节和干酪样的坏死灶。该病是世界动物卫生组织规定必须通报的疫病，在我国被列为检疫扑杀对象，因为其能对养牛业发展、食品安全与人类健康构成重大威胁。此病多呈散发，无明显发病季节性和地区性，各日龄阶段的牦牛均易感。病牛的粪便、乳汁及气管分泌物中含有的致病菌，可经污染的饲草、饮水、食物等传播，健康牦牛可通过呼吸道或消化道感染。

结核病潜伏期长短不一，短的有10～45 d，长可达数月甚至数年；多数呈慢性经过，初期症状不明显，发病程度和病变器官不同，症状也略有差异。主要症状类型为肺结核、乳房结核和肠结核，病牛主要表现为消瘦，伴有顽固性咳嗽或下痢。此外，亦可发生淋巴结核、生殖器结核和脑结核等。

牛结核病是我国法定的检疫对象，需严格检疫制度，净化牛群。检疫使用牛型提纯结核菌素，春、秋两季各检疫1次；发现可疑及阳性病例应给予淘汰，并及时扑杀结核病阳性牛。发病后除优良种牦牛外，一般不予治疗。药物治疗可用青霉素、异烟肼、氨基水杨酸等。牦牛圈舍等每年预防性消毒2～4次，若牛群出现阳性病例，均须进行一次大消毒；消毒剂可用10%漂白粉、5%来苏儿、3%氢氧化钠溶液等。

七、牦犊牛大肠埃希氏菌病

牦犊牛大肠埃希氏菌病是由致病性大肠埃希氏菌（*Escherichia coli*）引起的一种严重的急性肠道传染病，又称犊白痢。本病在牦牛产区均有发生，一般呈散发或地方性流行；于每年 3—10 月发生，4—6 月为发病高峰期。其中，牦犊牛最易感，多发于冬、春舍饲期间。病菌对低温有一定的耐受性，对一般消毒剂均较敏感，可用 3%来苏儿、5%～10%漂白粉、5%石碳酸杀灭病菌。患病和带菌牦牛是主要的传染源，致病菌随其粪便等排泄物能污染牧草和饮水，健康牦牛通过采食和饮水经消化道感染发病，临床以小肠出血性或水样水肿为主要特征。

该病潜伏期短，仅数小时。临床分为肠型、败血型和肠毒血症型。发病牦犊牛主要表现为发热、严重腹泻、腹痛、脱水及急性败血症，往往因循环衰竭而死亡。控制本病重在预防。要加强母牦牛产犊前后的饲养管理，尤其应做好犊牛的护理，断脐要严格消毒，牦犊牛出生后要哺足初乳，以增强抵抗力。哺乳前先用温肥皂水洗去母牦牛乳房周围的污物，再用淡盐水洗净擦干。防止犊牛受潮湿和寒风袭击，禁饮脏水，可配制高锰酸钾水（1：1 000）供犊牛饮用。治疗可使用抗生素，如环丙沙星、阿莫西林、氨苄青霉素等，同时配合强心补液。西藏农牧学院研制成功的牦牛大肠埃希氏菌苗，经临床验证对本病有很好的免疫预防作用，在流行地区可以进行预防注射。

八、副伤寒

牦牛副伤寒是由沙门氏菌引起的一种急性或慢性传染病，藏语称“娘钠”“比乃”。该病流行范围广，是牦牛产区较常见的传染病之一。健康牦牛因采食被病牛粪便、乳汁等污染的饲料及水源而感染。沙门氏菌在水中不易繁殖，但可生存 2～3 周，在粪便中可存活 1～2 个月；对热的抵抗力不强，60℃处理 15 min即可被杀死。

15～60 日龄的犊牛易感染，发病以消化道和呼吸道症状为主，表现为体温升高、腹泻和呼吸困难，伴有咳嗽、心跳加快、流浆性或黏性鼻液、下痢、剧烈腹痛等症状。多数病犊发生浆液性关节炎，出现跛行。重者多在 5～10 d 死亡，轻者或经早期治疗的病犊牛可痊愈。

牦牛副伤寒流行多年，目前仍未得到有效控制。该病的发生主要与冷季无补饲、牛只乏弱、犊牛哺乳不足等造成营养不良或抵抗力弱有关；圈舍卫生状况差及天气寒热突变也易引发牦牛感染发病。此外，多种沙门氏菌均可能诱发牦牛发病，所以需加强流行病学调查与病原诊断监控工作，采取综合措施进行防控。冬、春季节气温低，应加强妊娠牦牛和犊牛的饲养管理，做好牛舍消毒，保持干燥、清洁的饲养环境，犊牛在出生后 1 h 内吃初乳。预防可注射牛副伤寒氢氧化铝灭活疫苗，1 岁以下 1～2 mL/头；1 岁以上注射 2 次，每次 2 mL/头，免疫间隔 10 d，免疫期为 6 个月。发病初期可用药物治疗，青霉素 320 万 IU、链霉素 200 万 IU，肌内注射，2 次/d；0.5% 痢菌净水溶液，3 mL/kg，肌内注射，1 次/d；口服给予 5 mg/kg，第 1 天给药 2 次，间隔 6～8 h后每天给药 1 次，3 d 为 1 个疗程，疗效显著。磺胺甲异噁唑，每天 20～40 mg/kg，灌服，2 次/d。盐酸土霉素 2 g，以生理盐水或葡萄糖生理盐水稀释为 1∶40 的溶液，缓慢静脉注射，治愈率可达 93.8%。由于沙门氏菌常出现耐药性，因此当使用一种药物治疗无效时可进行耐药性监测，换用菌株敏感抗生素。

第三节　常见寄生虫病的防治

牦牛主要在天然草场放牧饲养，极易遭受寄生虫侵袭。牦牛常见寄生虫病主要有 10 多种，包括胃肠道线虫病、吸虫病、莫尼茨绦虫病、棘球蚴病、焦虫病及体表寄生虫病等。牦牛感染寄生虫后，除少数表现典型症状外，仅表现贫血、消瘦、营养不良和发育受阻等消耗性疾病的症状。积极开展牦牛寄生虫流行病学调查和研发新型抗寄生虫特效药物，可有效提高寄生虫病的防治效果。

一、胃肠道线虫病

牦牛胃肠道线虫病是由多种线虫混合寄生于牦牛胃肠道内引起的一类寄生虫病。该病在中国牦牛分布地区广泛存在，多为混合性感染，是牦牛群中严重的寄生虫病之一。寄生在牛胃肠道内的线虫有 8 属 14 种，代表性线虫主要有哥伦比亚食道口线虫（*Oesophagostomum columbianum*）和辐射食道口线虫（*Oesophagostomum radiatum*）。成虫寄生于牦牛结肠，幼虫可在宿主肠壁的任何部位形成结节。虫卵随粪便排出后，在外界孵化为感染性幼虫。因幼虫对

外界抵抗力不同，所以个别种类呈地区性流行，感染性幼虫主要经消化道感染牦牛。

线虫寄生往往造成牦牛胃肠道炎症、出血、肝坏死及肝细胞脂肪变性。临床表现为渐进性消瘦、贫血、腹泻或顽固性下痢等，常造成牦犊牛生长发育停滞，严重时导致犊牛死亡。

防治牦牛线虫病，首先要做好定期驱虫工作。牦牛普遍进行冬、春季驱虫，可起到预防冷季乏弱的效果。治疗牦牛胃肠道线虫的药物很多，如常用的阿苯达唑和伊维菌素等药物，对牦牛捻转血矛线虫、仰口线虫、结节虫、毛首线虫都有很好的驱杀作用。

二、棘球蚴病

牦牛棘球蚴病又称包虫病，是由细粒棘球绦虫的幼虫——细粒棘球蚴寄生于牦牛肝脏、肺脏及其他脏器内而引起的一种危害严重的寄生虫病。该病流行较广，虫体有较广泛的宿主适应性，在高发区患病率可达5%，家犬和牧羊犬是最主要的感染源。孕节或虫卵随犬粪便排出体外，污染草、料和水源等，牦牛吞食虫卵后被感染；虫卵在胃消化液作用下卵壳破裂，六钩蚴逸出，经血液循环至肝、肺脏中寄生并形成大包囊。此病也是危害严重的人兽共患寄生虫病。

棘球蚴病临床表现取决于虫体寄生部位和数量，其中以肝包虫病最多见。因成虫孕节中含有大量虫卵，可在牦牛寄生部位形成几个到几十个包囊，包囊体积大且生长力强，常因机械压迫周围组织而引起脏器萎缩和功能障碍，或由于包囊破裂囊液流出引起过敏反应。严重感染时病牛可出现消瘦、反刍无力、臌气、产奶量下降，有的出现黄疸或喘气、咳嗽，更为严重者因乏弱、窒息或严重过敏反应而导致死亡。

包虫病危害严重，防治难度大，要坚持“预防为主，防治结合，政府主导，部门配合，全社会共同参与”的原则，开展棘球蚴病的综合防治。要重视包虫病危害性、感染方式及其防治措施等方面的教育宣传力度，积极改善环境卫生，培养良好卫生习惯；不饮生水、生奶，不吃生菜及未煮熟的肉；避免与狗密切接触，对儿童尤为重要。

控制传染源是最有效的预防本病的措施之一。要不断完善犬的登记管理，对流行区所有家（牧）犬进行登记，并定期检疫和定期驱虫。野狗应予捕杀，犬粪应作无害化处理。驱虫药物可给予吡喹酮5 mg/kg，顿服，每6周1次；其他驱虫的药物，如丙硫咪唑和甲苯咪唑等，也可用于治疗和预防棘球蚴病的发生。同时，要加强牦牛屠宰场的管理，如严禁在屠宰场内养犬，病牛脏器必须进行高压、焚烧或深埋等无害化处理，严禁出售及喂犬。牛群每年可进行1次抗细粒棘球蚴病疫苗强化免疫。

三、肝片吸虫病

牦牛肝片吸虫病又称肝蛭，是由肝片形吸虫（*Fasciola hepatica*）寄生于牦牛肝脏及胆管中引起的一种常见寄生虫病。引起急性或慢性肝炎或胆囊炎，伴发全身性中毒和营养障碍，造成牦牛的大批死亡。牦牛肝片吸虫病常呈地方性流行，以夏、秋季节多发；感染率为20%～50%，感染强度1～100条。肝片吸虫成虫外观呈树叶状，新鲜虫体为棕红色。病牛或带虫牛从粪便排出的虫卵，在水草滩或沼泽地及水沟、水池中孵出毛蚴，毛蚴钻入椎实螺的体内发育成有感染力的尾蚴；尾蚴自螺体逸出，附着于水草上形成囊蚴；放牧牦牛啃食沼泽、草甸等草场时被感染。

牦牛感染的典型症状为肝实质炎、胆管炎和肝硬化等病变，主要表现为逐渐消瘦、严重贫血、水样腹泻，下颌及胸下水肿，最终可因营养代谢障碍而死亡；其中，牦犊牛和体弱牦牛病死率偏高，若诊治不及时将诱发批量死亡；即使痊愈也可影响牦牛的正常发育。

定期驱虫和消灭椎实螺，可有效预防肝片吸虫病。驱虫药物可用硝氯酚（肝治净）、肝蛭灵和阿苯达唑。驱虫时间一般为春季2—4月和秋季10—12月。甘南牦牛繁育区对能繁母牛使用硝氯酚，每年驱虫保健2次；饲养区对育肥牛经2周观察确认正常后使用硝氯酚首次驱虫保健，6个月重复驱虫；2月龄牛犊必须使用阿苯达唑驱虫1次。驱虫后牦牛粪便需进行堆积发酵等无害化处理，以杀死其中的虫卵。此外，要实行轮牧制度，尽量不在低洼潮湿的地区放牧；保证饮水安全，禁止牦牛饮用死水可有效预防该病的发生。定期消毒，做好灭螺工作。

四、梨形虫病

牦牛梨形虫病是以蜱为媒介而传播的一种血液原虫病。本病呈散发和地方性流行，多发于夏、秋季节和蜱类活跃地区；每年7—9月为发病高峰期。该病的病原体主要是巴贝斯虫和泰勒虫，以蜱作为媒介传播；蜱叮咬牦牛时，虫体随蜱的唾液进入牦牛体内，在红细胞内繁殖。牦牛泰勒虫病的流行与蜱的消长活动相一致，每年4月上旬至5月上旬为传播高峰期。1～2岁牦牛和新购进牦牛易发病，死亡率可达60%～92%。母牦牛产后抵抗力下降时也易感染焦虫病。

该病呈急性经过，典型症状为血尿。牦牛发病时出现高热、贫血或黄疸，反刍停止，食欲减退；随病程延长，病牛尿色棕红，排恶臭、黑红色粪便，消瘦严重者则造成死亡。灭蜱是防治牦牛焦虫病的主要方法。根据当地蜱的活动规律，每年在蜱活动前要定期灭蜱，药物可用溴氰菊酯喷雾牛体，视蜱感染程度喷2～3次，间隔时间为15 d。避免在大量孳生蜱的草场放牧牦牛。治疗牦牛焦虫病的药物有贝尼尔、灭焦敏和锥黄素等。贝尼尔毒性较大，治疗剂量按3.5～3.8 mg/kg（以体重计）肌内注射；灭焦敏剂量按0.05～0.1 mL/kg，肌内分点注射，每日或隔日1次，共注射3～4次，治愈率可达90%～100%。

五、球虫病

牦牛球虫病是因艾美耳属的多种球虫寄生于牦牛肠道黏膜上皮细胞而引起的一种原虫性寄生虫病。犊牛发病率高，成年牦牛常呈隐性感染。致病球虫主要是邱氏艾美耳球虫和斯氏艾美耳球虫。

球虫病的潜伏期为2～3周，临床特征为急性出血性肠炎。发病初期病牛食欲异常、精神沉郁、被毛粗乱，体温正常或略升高，粪便稀薄并混有血液；发病约1周后犊牛症状加剧，表现为发热、消瘦、下痢，便中带血和黏膜，严重者导致消化道出血，个别犊牛发病1～2 d后死亡。

球虫病严重影响犊牛的健康生长，切实做好防治尤为重要。牦牛饲养的密度要科学合理，有条件的可将成年牦牛和犊牛分开饲养；保证牛舍良好的卫生环境，干燥通风；另外，尽量避免在潮湿地带放牧。治疗和预防牦牛球虫的药物有很多，常用磺胺类药物；有报道，通扬球精、通扬血球净和杨树花口服液对本病的治疗效果良好。此外，因牧区球虫混合感染较为普遍，所以应使用广谱抗球虫药驱虫，以达到更加理想的驱虫效果。

六、皮蝇蛆病

牦牛皮蝇蛆病是由皮蝇属（*Hypoderma*）的几种幼虫寄生于牦牛只背部

皮下引起的一种危害较严重的慢性寄生虫病。该病在牦牛产区流行极为普遍，严重影响牦牛的生长发育、生产性能和皮毛品质，给牦牛业造成巨大的经济损失。病原主要有牛皮蝇（*H. bovis*）、纹皮蝇（*H. lineatum*）和中华皮蝇（*H. sinense*）；其生活史基本相同，发育过程分为卵、幼虫、蛹和成蝇四个阶段。成蝇外形似蜜蜂，一般多在夏季出现，在阴雨天气隐蔽。在晴朗、炎热、无风的白天，成蝇飞翔，雌雄交配，侵袭牛只，在其身上产卵。幼虫在牦牛体内寄生10～11个月，牛皮蝇和纹皮蝇从虫卵到发育为成蝇整个生活期约1年。

皮蝇幼虫钻入牦牛皮肤，可引起皮肤痛痒，烦躁不安；当幼虫移行至背部皮下时，寄生部位皮肤隆起和形成皮下蜂窝组织炎，继而皮肤穿孔。若幼虫钻入脑部，则可引起神经症状，如牦牛突然倒地、麻痹或晕厥等，严重者可死亡；若幼虫在移行过程中死于脊椎附近，则可致牦牛瘫痪。

防治牛皮蝇蛆病的主要措施是消灭寄生于牦牛体内的幼虫，防止幼虫落地化蛹。消灭幼虫可用药物治疗或机械方法。在成蝇活动季节，用1%～2%敌百虫水溶液喷洒牛体，每月2次；或用拟除虫菊酯喷洒体表，每30 d喷1次，可有效杀死成蝇或幼虫。治疗可用伊维菌素按0.2 mg/kg皮下注射，也可肌内注射倍硫磷或皮下包埋倍硫磷微型胶囊，杀虫效果均较好。在病牛数量较少的情况下，可将破裂孔处的幼虫挤出，放入火中焚烧，然后用2%敌百虫酒精溶液擦患部，每周1次，连用3～5次。

第四节　普通病的防治

牦牛普通病种类多，严重影响生产力。较严重的常见病有：牦犊牛肺炎、牦犊牛腹泻、瘤胃积食、瘤胃臌气、子宫脱出症及子宫内膜炎等。许多疾病临床症状相似，且常发生混合感染。系统认识和掌握疾病的致病原因、发病规律和防治原则，可有效降低牦牛产业的经济损失。

一、牦犊牛肺炎

牦犊牛肺炎是一种常见的危害犊牛健康的肺部炎症性疾病，多发生于早春、晚秋气候多变季节，发病速度快，具有很强的传染性。发病原因与天气骤变、犊牛免疫力低下、饲养条件差和管理不当等因素有关。初生至2月龄的犊牛发病率及死亡率高。该病危害性大，容易造成群发。

犊牛肺炎一般为支气管肺炎。病初表现为精神不振、喜卧、食欲下降、咳嗽，流黏性或脓性鼻液等。随病情发展，病牛体温升高、呼吸困难，严重时腹式呼吸，听诊肺部有啰音，可伴发胸膜炎、心力衰竭而死亡；或转为慢性咳嗽，被毛粗乱，生长缓慢。

预防该病主要是加强犊牛饲养管理，增强犊牛抵抗力。保持圈舍环境卫生清洁、通风透气，谨防母牛、犊牛受寒引起感冒。另外，发现病犊及可疑病犊要立即隔离饲养。治疗可用氯化铵、薄荷脑石蜡油和复方甘草合剂等镇咳祛痰，抑菌消炎可联合使用青霉素和链霉素或使用磺胺类药物，治疗效果较好。

二、犊牛腹泻

犊牛消化不良症是消化机能障碍的统称，又称犊牛胃肠卡他，是哺乳期犊牛常见的一种以腹泻为主的胃肠道疾病，多发生在出生后 12～15 日龄的犊牛，死亡率高。犊牛发病原因较多，主要是由饲养管理不当或细菌感染引起，如犊牛吃初乳不足、舔舐污物、受凉等均可为引发本病。

该病对犊牛的生长发育危害非常大，常导致犊牛生长受阻。患病犊牛以腹泻为主要临床特征，粪便呈粥状或水样，颜色暗黄，后期多排出乳白色或灰白色的稀便，恶臭。病牛很快消瘦，严重者脱水。出现自体中毒时，病牛表现神经症状，如兴奋、痉挛，严重时嗜睡、昏迷。

预防该病主要是加强妊娠母牛的饲养管理，保证充足的营养供给，提高乳汁的质量，使犊牛尽早吃到初乳；保持畜舍卫生、清洁、干燥、保暖；加强犊牛运动，防止犊牛舔食污物。

犊牛发病后要及时清理胃肠，制止内容物腐败发酵，减轻胃肠负荷和刺激，防止和缓解自体中毒。病初治疗可灌服石蜡油或食用油，以清除肠内的刺激物。防止肠道感染，可内服土霉素、四环素或金霉素，或注射庆大霉素等，同时服等量或半量碳酸氢钠。如因持续腹泻出现脱水时可静脉注射 5%葡萄糖盐水。

三、瘤胃积食

牦牛瘤胃积食是由于幽门堵塞或瘤胃内积滞过量的食物而导致胃壁扩张、运动机能紊乱的疾病，又称为急性瘤胃扩张。该病主要是牦牛采食大量青草或块茎类饲料；吃干草后饮水不足，粗饲料过少，误食塑料、碎布、衣帽等异物。成年牦牛发病率5%左右，幼牦牛发病极少。

病牛初期表现为采食、反刍及嗳气逐渐减少或停止，粪便减少似驼粪，或排少量褐色恶臭的稀粪，尿少或无尿。病牛呻吟，努责，腹痛不安，腹围增大，左肷窝平坦或凸起，触诊瘤胃有充实坚硬感，牛有痛感。一般体温不升高，鼻镜干燥，呼吸快，结膜发绀。发病后期病牛呈现运步无力，臀部摇晃，四肢颤抖，昏迷卧地。最后可因肾脏衰竭死亡。

治疗可行瘤胃切开术，取出大部分内容物以后，再放入适量的健康牛的瘤胃液，可收到良好的效果。兴奋瘤胃可灌服白酒或酒石酸锑钾，也可皮下注射新斯的明。排出瘤胃内容物，可灌服熟菜籽油（凉）、石蜡油或鱼石脂。伴有膨气及呼吸困难时，可灌服食醋或白酒，也可用套管针穿刺瘤胃放气。有条件时，可内服促反刍散或静脉注射促反刍液。

四、瘤胃臌气

瘤胃臌气是因为瘤胃内饲料异常发酵，引起瘤胃和网胃急剧臌胀，并呈现反刍和嗳气障碍的一种疾病，也叫肚胀、气胀。该病主要发生在初春和夏季。主要原因是病牛采食了过量易发酵的饲料，在瘤胃内微生物的作用下迅速酵解，产生大量的气体。

临床主要表现为产气过多和排气障碍。产气过多主要是采食了大量的豆科牧草，引起原发性瘤胃臌气；排气障碍主要是嗳气反射机能紊乱，主要是采食了发霉、腐败的饲料及有毒的毒草，造成瘤胃麻痹，蠕动缓慢。其中，原发性瘤胃臌气发病突然，常在采食饲草15 min后产生臌气，典型症状为左腹急剧臌胀，严重者可突出背脊；病牛表现为食欲废绝、回头顾腹、疼痛不安、急起急卧及呼吸困难等症状；叩诊左腹部呈现鼓音，按压腹壁紧张，压后不留痕迹，重者可因窒息或心肌麻痹而死。继发性臌气发展缓慢，呈周期性发作，病程较长，一般1周到数月。

加强牦牛的日常饲养管理，可有效预防该病的发生。放牧时应防止牦牛贪食过多幼嫩多汁的豆科牧草，不得喂食结块霉烂的草料。

本病的治疗原则主要是排气减压，制止发酵，恢复瘤胃机能。轻症病牛可用简易办法解除气胀，如牵拉牛舌，配合压迫左肷部或在鼻端涂些鱼石脂，以促进气体排出。伴有明显臌气而呼吸困难时，可灌食醋、白酒、松节油或鱼石脂等制酵排气。急性病例必须采取手术治疗，如瘤胃穿刺术或切开术。瘤胃穿刺放气应先快后慢，进行间歇性放气；若合并泡沫性臌气，可通过套管向瘤胃内注入制酵剂（土霉素、青霉素、植物油及矿物油等）；拔出套管针后需按压创口几分钟，进行皮肤消毒，必要时缝合切口。放气过程中应注意不可过度，否则易引发病牛虚脱。

五、子宫脱出症

牦牛子宫脱出在兽医临床上是常见病，多见于经产母牦牛或产犊季节体质乏弱的母牦牛。多发于牦牛种间配种，杂种胎儿个体大，造成子宫阔韧带过度松弛，分娩或牵引胎儿时易将子宫连同胎衣脱出。

病牛临床表现为子宫套叠或子宫完全脱出。子宫套叠的病牛出现产后不安、努责、尿频和疝痛等症状。子宫完全脱出的病牛体弱，多卧地不起，脱出的子宫拖地，被粪土、草屑等污染，子宫发生淤血，短时间内发炎或坏死。

治疗主要进行子宫复位。子宫套叠可用生理盐水灌注子宫，也可借助术者手指外力使子宫复原。子宫完全脱出时，首先要合理保定患牛，采取前低后高位站立，清除患牛直肠内的积粪；野外无法保定时，可使患牛侧卧固定于斜坡处，体位前低后高，后躯铺上干净的塑料布。用40℃左右的0.1%的高锰酸钾或生理盐水彻底冲洗脱出的子宫，并剥离残余的胎衣。用5%的盐酸普鲁卡因注射液40～50 mL，洒于脱出的子宫表面，洒后患牛即停止努责。再用拳头顶住子宫的尖端小心推进，用手按摩子宫，促进子宫收缩，使子宫尽量恢复原位，一般不必缝合或固定阴门。术后连续注射青霉素和链霉素消炎治疗。禁止病牛卧倒，加强饲养管理1周。若子宫坏死，应采取子宫切除术。

六、子宫内膜炎

子宫内膜炎是由于子宫内膜受病原微生物感染而发生的炎症性疾病，是适繁牦牛的常见病，多发于产后牦牛。造成子宫内膜炎的主要原因有营养缺乏、流产、死胎、胎衣不下增多。此外，种间杂交、助产不当，进行人工授精时器械未严格消毒，以及传染病和寄生虫病等也易造成子宫内膜炎。

根据临床症状分为急性子宫内膜炎和慢性子宫内膜炎。急性病例多发生于产后，病牛有时努责，从阴门中排出脓性分泌物。严重者体温升高，食欲降低，反刍减弱，并有轻度臌气。阴道及腟部、子宫颈中充血，宫颈口开张，有脓汁在膣部或宫腔口附着。慢性者多由急性转化而来，一般全身症状不明显；病牛出现屡配不孕，阴门流出黏性、黏脓性分泌物，发情时增多。子宫角增粗，子宫壁增厚，弹性减弱，收缩反应微弱。

预防该病主要是加强牦牛营养和抵抗力。枯草季节采取划区轮牧，选择在海拔低、水草长势好的草场放牧怀孕母牛，并适当补饲青干草、颗粒饲料、维生素、微量元素及营养舔砖。助产时应进行严格消毒以防病菌侵入性感染，同时应做好每年的驱虫及防疫工作。

一般采取子宫冲洗或灌注进行局部治疗，土霉素、青霉素、链霉素、利凡诺、来苏儿、碘化钾、清宫液等，适合治疗各种类型的子宫内膜炎。辅助子宫收缩，既可用己烯雌激酚、催产素和前列腺素 F2α 及其类似物。也可用中药生化汤促进子宫恢复机能。

第九章
甘南牦牛养殖场建设与环境控制

第一节 养殖场选址与建设

牦牛生产性能的高低，不仅取决于其自身的遗传因素，还受到外界环境条件的制约。牛舍是牛活动和生产的主要场所，其类型和其他许多因素都可直接或间接影响牦牛个体的生长和育肥效果。因此，生产中必须按照牦牛的生活习性、生理特点和对环境条件的要求，结合不同地区的特点，综合考虑、合理布局，科学选择牛舍地址和设计牛舍，为牦牛生产创造适宜的环境条件。以下介绍甘南牦牛舍的标准化设计及建设等内容。

一、场址选择

牦牛场选择场址应符合本地区农牧业生产发展总体规划、土地利用发展规划、城乡建设发展规划和环境保护规划的要求，一般应建在地势高燥、背风向阳、地下水位较低、具有缓坡的北高南低的平坦地方。土质以沙壤土为好，有利于牛舍及运动场的清洁与卫生，可防止蹄病及其他疾病的发生。场址周围要有充足的合乎卫生要求的水源，保证生产生活及人畜饮水。另外，场址应距秸秆、青贮和干草饲料资源较近，以保证草料供应，减少运费，降低成本。

牦牛舍棚宜建在定居点建筑群或放牧点附近，并与定居点保持一定的距离，以便于放牧、饲养管理，减少环境污染和疾病传播。棚址周围应具备就地无害化处理粪尿、污水的足够场地和排污条件。且应远离主要交通要道，距村镇、工厂 500 m 以外，距一般交通道路 200 m 以外。避开对牦牛场有污染的屠宰、加工和工矿企业，特别是化工类企业。要符合兽医卫生和环境卫生的要求，周围无传染源，尽可能避免在可能引起人畜地方病的地区建场。

二、设计原则

1. 环境适宜　适宜的环境可以充分发挥牦牛的生产潜力，提高饲料利用率。一般来说，牦牛的生产力20%取决于品种，40%～50%取决于饲料，20%～30%取决于环境，不适宜的环境温度可以使牦牛的生产力下降10%～30%。此外，即使给牦牛饲喂全价饲料，但如果没有适宜的环境，饲料也不能最大限度地转化为畜产品。因此，牦牛场的建设必须符合其对各种环境条件的要求，即要符合生产工艺要求，保证生产的顺利进行和畜牧兽医技术措施的实施。牦牛生产工艺既包括牦牛群的组成、周转方式、运送草料、饲喂、饮水、清粪等，也包括测量、称重、采精输精、防治、生产护理等。修建牦牛舍必须与本场生产工艺相结合，否则必将给生产造成不便，甚至使生产无法进行。

2. 严格卫生防疫，防止疫病传播　修建牦牛舍时应特别注意卫生要求，以利于兽医防疫制度的执行。要根据防疫要求合理进行场地规划和建筑物布局，根据牦牛舍的朝向和间距设置消毒设施，合理安置污物处理设施等。

3. 做到经济合理，技术可行　牦牛舍建筑必须综合考虑饲养目的、饲养场所的条件、饲养规模及饲养设施等因素。大规模饲养时，要考虑节省劳力；小规模分散饲养时，要便于详细观察每头牦牛的状态。在满足以上要求的前提下，修建牦牛舍还应尽量降低工程造价和设备投资费用，以降低生产成本，加快资金周转速度。

三、牛舍类型及设计建筑要求

1. 牛舍类型

（1）半开放式牛舍　半开放式牛舍的建造价格低廉，适合小规模养殖。其样式大体为向阳的一面呈露天状态，一半左右的区域搭建棚顶，总体用围栏围绕起来。牛散放其中，水槽与料槽置于棚底。这类牛舍投资小、节省劳动力、管理要求低，但不利于防寒。

（2）塑料暖棚式牛舍　塑料暖棚式牦牛舍属于半开放式牦牛舍的一种，保温效果比一般半开放式牦牛舍较好。塑料暖棚式牦牛舍三面全墙，向阳一面有

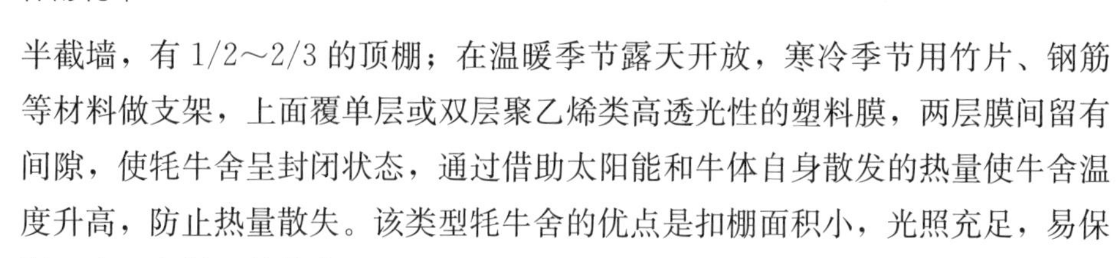

半截墙，有1/2～2/3的顶棚；在温暖季节露天开放，寒冷季节用竹片、钢筋等材料做支架，上面覆单层或双层聚乙烯类高透光性的塑料膜，两层膜间留有间隙，使牦牛舍呈封闭状态，通过借助太阳能和牛体自身散发的热量使牛舍温度升高，防止热量散失。该类型牦牛舍的优点是扣棚面积小，光照充足，易保温，省工省料，易推广。

（3）封闭式牛舍　封闭式牦牛舍四面有墙和窗户，顶棚全部覆盖，分单列封闭式牦牛舍和双列封闭式牦牛舍。封闭式牦牛舍是对通风口要求最高的一种，其呈全封闭式，温度主要靠通风口控制。单列封闭式牦牛舍只有一排牛床，舍顶既可修成平顶也可修成脊形顶。牦牛舍跨度小、易建造、通风好，但散热面积相对较大。双列封闭式牦牛舍内设两排牛床，多采取头对头式饲养，中央为通道，舍宽12 m、舍高2.7～2.9 m，修成脊形棚顶。

2. 牦牛舍设计的建筑要求　牦牛舍建筑的设计，要根据饲养规模的大小而定，房舍和牛舍之间及各牛舍之间应该有10 m以上的距离。牛舍建筑面积，可按成年牦牛占地8 m²/头、育成牦牛6 m²/头、牦犊牛4 m²/头计算。向阳面设运动场，运动场按母牦牛15 m²/头和育肥牦牛10 m²/头的标准设置。采用舍饲拴系饲养的大、中型牦牛场，每舍以饲养100头牦牛为宜，一般采用双列式，饲养50头以下的小型牛场应采用单列式。隔离牛舍是对新购入牛只或生病牛进行隔离观察、诊断、治疗的牛舍，建筑与普通牛舍基本一致，通常采用拴系饲养，舍内不设专门卧栏，以便清理和消毒。

牛舍地基用石块或砖砌，地基深80～100 cm，要求土质坚实、干燥，地基与墙壁之间最好要有油毡防潮层。牛舍墙壁要求坚固结实、抗震、防水、防火，并具备良好的保温与隔热特性，要便于清洗和消毒。牛舍的大门应坚实牢固，宽200～250 cm，不用门槛，最好是推拉门。一般南窗宜多且大（100 cm×120 cm），北窗宜少且小（80 cm×100 cm），窗台距地面高度为120 cm。窗户越大越有利于采光，但冬季在严寒地区应注意增加保温措施，安装双层玻璃或挂暖帘。窗户面积与舍内地面面积之比，成年牛舍为1∶12，小牛舍为1∶(10～14)。夏季打开窗户通风时，风可吹到牛体，并可使舍内下层空气流通，有利于保持地面干燥。窗扇最好装成推拉式，既有利于调节通风量，又可防止夜间大风吹坏窗扇。牛床长160～180 cm、宽110～120 cm，坡度为1.5°，前高后低。通气孔应在屋顶，占总面积的1.5%左右，高于屋脊0.5 m，上面设活门，可以自由关闭。双列式牛舍喂饲道宽200 cm，清粪通道宽150～200 cm，粪尿沟应不透水，表面光滑，沟宽 28～30 cm、深 10～15 cm，坡度 1.0°，直通舍外粪尿的存贮池。饲槽以固定水泥的较为实用，上宽 60～80 cm、底宽 35 cm，底呈弧形，内缘高 35 cm、外缘高 70 cm。

第二节　养殖场设施设备

甘南地区牦牛舍设计主要以防寒为主，形式依据饲养规模和饲养方式而定。应便于饲养管理，便于采光，便于夏季防暑、冬季防寒，便于防疫。修建多栋牛舍时，应采取长轴平行配置的方式。当牦牛舍超过 4 栋时，可以每 2 行并列配置，前后对齐，相距 10 m 以上。

饲料库应离每栋牛舍的位置都较适中，而且位置稍高，既利于干燥通风，又利于成品料向各牛舍运输。

干草棚及草库应尽可能地设在下风向地段，与周围房舍至少保持 50 m 以上的距离。单独建造，既防止散草影响牦牛舍环境美观，又能达到防火的目的。

青贮窖或青贮池的选址原则同饲料库，要求位置适中，地势较高，防止受粪尿等污染，同时要考虑运输方便，降低劳动强度。

兽医室、病牛舍应设在牛场下风向，而且处于相对偏僻的位置，以便于隔离，减少空气和水污染的传播。

办公室和职工宿舍应设在牛场之外地势较高的上风处，以防空气和水的污染及疫病传染。牛场门口应设消毒室和消毒池。

管理区和生活区应建在上风处，距离生产区 50 m 以上，并设有消毒设备的专用门；生产区建在管理区和生活区的下风处或侧风向；隔离牛舍，污水、粪便处理区，病死牛处理区设在生产区主风向的下风处。

养殖场应设供牛群周转、饲养员行走、场内运送饲料的净道，以及供粪便等废弃物、淘汰牛出场的污道。两道分开设置，尽量避免交叉。场区主干道宽至少 5.5 m，两侧边道宽至少 3.0 m，并及时清扫或不定期消毒。

养殖场应设置运动场。围栏饲养的牦牛场，每头牦牛占用的运动场面积，成年牦牛 15～20 m^2，青年牦牛 10～15 m^2，牦犊牛 5～10 m^2。运动场应设置高 1.0～1.2 m 的围栏，应定期清除粪便和积水，防止蚊蝇滋生。

牦牛舍地面应保温、不透水、平整、防滑、坚固和舒适，易于清扫污水和粪尿。屋顶材料要防水、隔热、耐火、结构轻便、造价便宜。屋顶设有通气孔，并设有一定数量和大小的窗户，门窗要向外开。舍内安装的电器必须符合防潮、防爆等安全规定。

牦牛舍内净道宽 1.4～1.8 m，设置的粪尿沟应不透水，表面光滑，粪尿沟宽 0.28～0.30 m、深 0.15 m，稍有倾斜。粪尿沟应通到舍外污水池。要求供水充足，能排净污水和粪便，保持舍内清洁卫生。

第三节　养殖场环境控制

牦牛舍舍内环境质量严格按照 NY/T 391—2013 的要求执行。单列封闭式牦牛舍塑料暖棚，应坐北向南，舍内应保暖、干燥通风、采光性能良好。冬、春季节舍内温度以 6～8℃为好，湿度以 70%～80%为宜。牛舍的环境包括外界环境和局部小环境。外界环境常指大气环境，其中包括温度、湿度、气流、光辐射及大气卫生状况等因素；局部小环境包括局部温度、湿度、气流、光辐射及大气卫生状况等因素，更直接地对牛体产生明显的作用。

一、外界环境控制

1. 温度和湿度　气温对牦牛机体的影响最大，主要影响牦牛健康及生产力。环境温度适宜时，牦牛增重速度最快。温度过高，牦牛增重速度缓慢；温度过低，饲料消化率降低，同时代谢率提高，牦牛以增加产热量来维持体温，显著增加了饲料消耗。因此，夏季要做好防暑降温工作，冬季要注意防寒保暖，给牦牛提供适宜的环境温度。空气湿度对牦牛机能的影响，主要是通过水分蒸发影响牛体散热，干扰牛体调节。在一般的温度环境中，湿度对牛体的调节没有影响；但在高温和低温环境中，湿度的高低对牛体热调节会产生作用。一般是湿度越大，体温调节范围就越小。高温高湿会导致牦牛体表水分蒸发受阻，体热散发受阻，体温很快上升，机体机能失调，牦牛呼吸困难，最后死亡。低温高湿会增加牦牛体热散发速度，使其体温下降，生长发育受阻，饲料报酬率降低。另外，高湿环境容易滋生各类病原微生物和各种寄生虫。空气湿度一般以 70%～80%为宜。

2. 气流　气流（又称风）通过对流作用，使牦牛散发热量。一般来说，风速越大，降温效果越明显。寒冷季节，若牦牛受大风侵袭，则会加重低温效应，降低抗病力，尤其是牦犊牛，易患呼吸道、消化道疾病，如肺炎、肠炎等。炎热季节，加强通风换气有助于防暑降温，并排出牛舍中的有害气体，改善牛舍环境卫生状况，有利于牦牛增重和提高饲料转化率。

3. 光照（日照和光辐射） 冬季牦牛受日光照射有利于防寒。虽然阳光紫外线中1%～2%没有热效应，但它具有强大的生物学效应。照射紫外线可促进牛体对钙的吸收，并且紫外线还具有强力杀菌作用，从而具有消毒效应。另外，紫外线还可使牦牛体内血液中的红细胞和白细胞数量增加，提高机体的抗病能力。一般条件下，牛舍常采用自然光照，但为了生产需要有时也采用人工光照。光照不仅对牦牛繁殖有显著作用，而且对牦牛生长发育也有一定影响。

4. 尘埃、有害气体和噪声 为防止疾病传播，牛舍内一定要避免粉尘飞扬，保持圈舍通风换气良好，尽量减少空气中的灰尘。在敞棚、开放式或半开放式牦牛舍中，空气流动性大。而封闭式牦牛舍，如设计不当或使用管理不善，会由于牦牛的呼吸、排泄物的腐败分解而使空气中的氨气、硫化氢、二氧化碳等气体增多，影响牦牛的生产力。牦牛舍中二氧化碳含量不超过0.25%，硫化氢含量不超过0.001%，氨气含量不超过0.002 6 mg/L。由于牦牛在较强噪声环境中生长发育速度缓慢，易出现繁殖性能不良。因此，一般要求牦牛舍的噪声水平白天不超过90 dB，夜间不超过50 dB。

二、牛舍环境控制

1. 温度控制 甘南牦牛抵抗高温的能力差，为了消除或缓和高温对甘南牦牛的有害影响，必须做好牛舍的防暑、降温工作。在天气炎热情况下，往往是通过降低空气温度、增加非蒸发散热来缓和甘南牦牛的热负荷。但要做到这一点，无论在经济上和技术上都有很大难度。因此在实际中，要从保护甘南牦牛免受太阳辐射，增强牦牛的传导散热（借与冷物体表面接触）能力，以及对流散热（充分利用天然气流和借强制通风）能力。

（1）屋顶和天棚 屋顶和天棚面积大，热空气上升后热能易通过天棚和屋顶散失。因此，要求天棚和屋顶结构严密，不透气。天棚既可铺设保温层、锯木灰等，也可采用隔热性能好的合成材料，如聚氨酯板、玻璃棉等。

（2）墙壁 墙壁是牛舍的主要外围结构，要求墙体隔热、防潮。寒冷地区选择导热系数较小的材料，如选用空心砖（外抹灰）、铝箔波形纸板等作墙体。牛舍朝向上，长轴呈东西方向配置，北墙不设门，墙上设双层窗，冬季加塑料薄膜、草帘等。

（3）地面　地面是牦牛活动直接接触的场所，其冷热情况直接影响牛体。石板和水泥地面坚固耐用，防水，但较硬。规模化牦牛场可采用三层地面，首先将地面用自然土层夯实，上面铺混凝土，最上层再铺空心砖，这样既防潮又保温。

（4）加强管理　寒冷季节可适当加大牦牛的饲养密度，依靠牦牛自身散发的热量相互取暖。勤换垫草是一种简单易行的防寒措施，既保温又防潮。另外，应及时清除牛舍内的粪便，同时防止贼风。

2. 有害气体控制　牛舍内有害气体超标是构成牛舍环境危害的重要因素。牛舍内的有害气体来源于牦牛呼出的 CO_2 和舍内污物产生的 NH_3、H_2S、SO_2 等有害气体。对舍内有害气体实行有效控制的主要途径就是通过通风换气措施，引进新鲜空气，使牛舍内的空气质量得到改善。牛舍可通过设地脚窗、屋顶天窗、通风管等方法来加强通风。在舍外有风时，地脚窗可加强对流通风，形成“穿堂风”和“街地风”，对牦牛起到有效的防暑作用。为了适应季节和各种气候，屋顶风管中应设翻板调节阀，来调节其开启大小或完全关闭。而地脚窗则应做成保温窗，在寒冷季节时可以关闭。此外，必要时还可以在屋顶风管中或山墙上加设风机进行排风。这样可使空气流通，加快热量排放。

3. 绿化　绿化不仅可以美化环境，而且还可改善牛场的小气候，起到良好的遮阴作用。当温度高时，植物茎叶表面水分通过蒸发，吸收了空气中大量的热，使局部温度降低；同时提高了空气中的湿度，使牦牛感觉更舒适。另外，树干、树叶还能阻挡风沙，对空气中携带的病原微生物具有过滤作用，有利于防止疾病传播。

第四节　牦牛场废弃物无害化处理

一、牦牛场主要污染来源及其危害

1. 恶臭气体　牛场的恶臭主要是来自于牛体排出的粪尿、呼出的气体、皮肤分泌物，以及牛舍污水、灰尘、霉变垫料及残留饲料等，并与牛舍的通风状况密切相关。不仅污染周边生活环境，同时也危害牦牛健康，可引起牦牛呼吸道疾病和其他疾病，导致牦牛生长速度缓慢和生产性能下降。

2. 粪尿和污水　牛场污水主要由尿液、饲料残渣、粪便及圈舍冲洗水组成，若未经处理而随意排放、堆积，就会污染地面、土壤及地下水。

3. 疫病和寄生虫　牛场疫病和寄生虫通过牛体排泄物及牛舍污染的水体、土壤、空气和饲料而传播，不仅会影响经济效益，而且也会造成人兽共患病。

二、无害化处理方案

解决规模化牦牛养殖场的污染问题不能只考虑粪便的污染治理，而应从污染的各个环节，从源头控制、中间处理、污染物的出路等方面，系统、综合地加以考虑，只有这样才能切实解决牦牛养殖污染与环境保护的矛盾。

1. 牦牛养殖场建设要进行系统规划　规模化牦牛养殖场在建设前应进行系统规划，合理布局，保证养殖场与居民点、水源等有一定间距。要根据当地粪污消纳能力及粪污处理能力，控制养殖规模，做到能就地消纳产生的粪便和污水。

2. 实行农牧结合　农牧分离、养殖场向城镇郊区集中、规模过大，是牦牛养殖污染的主要根源。而农牧结合、畜禽粪尿用作肥料，既可避免环境污染，又可提高土壤肥力。

3. 粪便的资源化利用　畜禽粪便是宝贵的农业资源，经处理后可变废为宝，实现生产的良性循环。处理后的废水利用以灌溉还田为主，有条件的可以考虑回收用以冲洗畜禽舍。固体粪污处理后可作为饲料、肥料。粪便的再利用不仅减少了粪便污染，而且充分利用了宝贵资源，还取得环境和经济的双重效益。

4. 制定相关的环境政策　牦牛养殖环境管理的着眼点就在于制定相应的法规、标准，强制加强综合利用和污染治理，并通过制定相关的鼓励政策，引导牦牛养殖回归到大农业生态系统中去。

第十章 甘南牦牛开发利用与品牌建设

第一节 甘南牦牛品种资源开发利用现状

甘南牦牛是青藏高原古老而原始的畜种，是甘肃省特有的地方畜种遗传资源。甘南牦牛生活地区具有海拔高、气温低、昼夜温差大、牧草生长期短、太阳辐射强、氧分压低的特点，植被以高山草场及亚高山草场为主。经过长期的自然选择和人工培育，甘南牦牛形成了一套独特的体质形态结构和生理机制，具有十分顽强的抗逆力、抗病力和适应性。甘南牦牛不仅能在恶劣的高原环境生存，而且还能提供成本低、无污染、纯天然和高质量的多种独特的牦牛产品，同时也是我国极为宝贵的畜种遗传资源，具有很大的开发价值。

由于缺乏收奶站等中介组织，因此新鲜的牦牛奶不能被及时销售，除牧民自己饮用和用于饲喂牦犊牛外，其余部分做成了“曲拉”，销售给干酪素厂。过剩的牦牛奶做成“曲拉”，从表面上看牧民有了较高的收入，实际上则是资源的一种浪费。同时，牦牛肉、奶系列产品虽被认证为绿色食品，但也未能体现出品牌效益；加之流通不畅，逆向调节，近年来牦牛产品有时买难、有时卖难，价格不断变化，这都加剧了市场风险和自然风险对牦牛产业的影响。

2013 年 10 月，甘南州畜牧科学研究所、甘肃农业大学食品工程学院联合甘南仁青特色畜种科技发展有限公司，依据传统冷却肉生产工艺，结合牦牛肉品质特性，对甘南牦牛肉采用“生鲜牦牛肉嫩化方法”专利技术（专利号：201310171224.4）精准分割、真空包装，开发出了符合国家标准的嫩滑甘南牦牛肉产品，提升了牦牛肉产品附加值。与热鲜肉、冷冻肉相比，嫩滑甘南牦牛肉柔软，有弹性、好熟易烂、口感细腻爽滑、味道鲜美，易于消化吸收，且安全卫生、营养价值较高。根据《鲜冻分割牛肉》（GB 17238/T—2008）及《鲜冻畜肉卫生标准》（GB 2707—2005）要求，2013 年 12 月随机取样 2 份，每份 1 000 g，委托甘肃省产品质量监督检验中心对制品进行感官检验、理化指标等质量指标的检测。结果表明，各项指标均符合国家标准，牦牛肉是营养、安全的肉食品。目前，甘南州已经形成了以甘肃华羚乳品集团公司、甘肃锦风翔清真食品有限公司、安多清真绿色食品有限公司、雪域清真肉食品有限公司为代表的龙头企业，并且在树立品牌和开拓市场方面取得了不少成果。

2016 年 3 月在农业部组织召开的“2016 年第一次农产品地理标志登记专家评审会”上，甘南州申报的“玛曲牦牛”经过专家评审后，一致认为“玛曲牦牛”产地环境独特、生产方式特定、人文历史久远、外在感官和内在品质具有明显的不可复制性，相关方面符合农产品地理标志登记要求，准予通过专家评审。这是甘南州首次通过农业部专家评审的地理标志农产品。

第二节　甘南牦牛主要产品加工工艺

一、牦牛屠宰工艺

（一）原料牦牛验收

供宰牦牛来源于检验检疫部门备案的育肥牛场，经“三证”查验后集中存放于待宰区，宰前 24 h 断食，充分给水至宰前 3 h。所有被屠宰牦牛都必须进行宰前检疫，发现可疑情况的送至观察栏。检疫合格的牦牛经淋浴冲洗后进入屠宰通道。

（二）致昏

1. 刺昏法　用匕首迅速、准确地刺入牦牛枕骨与第一颈椎之间，破坏延脑和脊髓的连接，使之瘫痪。这方法既防止牦牛挣扎难于刺杀放血，又减轻刺杀放血时牦牛的痛感。

2. 木锤击昏法　用重 2～2.5 kg 的木锤，猛击牦牛前额部，使其昏倒。打击时力量应适当，以不打破头骨而致死为原则，仅使牦牛失去知觉为度。此时，虽然牦牛知觉中枢被麻痹，但中枢依然完整，因此肌肉仍能收缩，放血时可促使血液从体内流出。

3. 电麻法　电麻法所用设备单接触杆式电麻器，一般电压不超过 200 V，

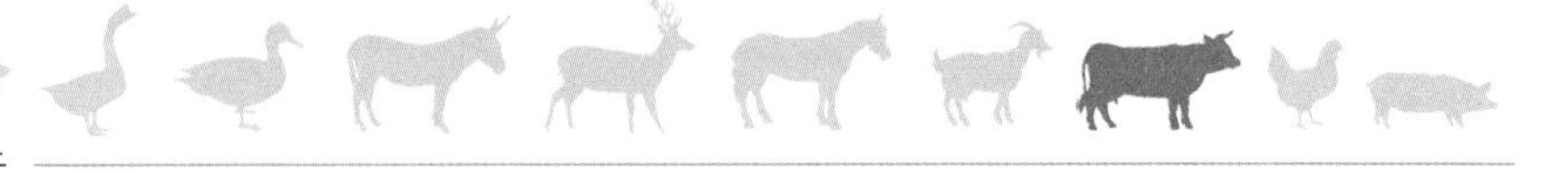

电流强度为1～1.5 A，电麻时间为7～30 s；双接触杆式电麻器，一般电压为70 V，电流强度为0.5～1.4 A，电麻时间为2～3 s。

（三）刺杀放血

1. 放血方式　牦牛被致昏后应立即进行刺杀和放血。放血方式有水平放血和倒挂垂直放血两种。从卫生角度看，后者比前者放血的效果好，屠体可得到良好的放血；同时，也利于后序加工，可减轻劳动强度。

2. 放血方法　有切颈法和切断颈部血管法。

（1）切颈法　采用切颈法给牦牛放血，从卫生角度看是不合理的。因为在切断颈动脉、颈静脉的同时，也切断了气管、食管和部分肌肉，胃内食物常经食管流出，污染切口，甚至被吸入肺内。

（2）切断颈部血管法　切断颈动脉和颈静脉是目前广泛采用的比较理想的一种放血方法，既能保证放血良好，而且操作起来又简便、安全。牦牛刺杀部位应在距离胸骨16～20 cm的颈中线处，刀尖斜向上方（悬挂状态）刺入30～35 cm，随即抽刀向外侧偏转，以切断血管。沥血时间不得少于8 min。

（四）剥皮与去头、蹄

刺杀放血后应尽快剥皮，以免尸体冷却后不易被剥下。牦牛的剥皮方法分手工剥皮和机械剥皮两种。在剥皮的过程中，分别将蹄、头卸下。

1. 手工剥皮　一般的小型肉联厂或小规模的牦牛屠宰场均采用手工剥皮。手工剥皮是先剥四肢皮、头皮和腹皮，最后剥背皮。剥前后肢的皮时，先在蹄壳上端内侧横切，再从肘部和膝部中间竖切，用刀将皮挑至脚趾处并在腕关节和跗关节处割去前后脚，然后将两前肢和两后肢的皮切开剥离。剥腹部皮时，从腹部中白线将皮切开，再将左右两侧腹部皮剥离。剥头皮时，用刀先将唇皮剥开，再挑至胸口处，逐步剥离眼角和耳根。将头皮剥成平面后，在寰枕关节处将头卸下；剥皮时先将尾根皮剥开，割去尾根，然后从肛门至腰椎方向将皮剥离。如为卧式剥皮，则先剥一侧，然后翻转再剥另一侧。如为半吊式剥皮，则先仰卧剥四肢、腹皮，再剥后背部皮，最后吊起剥前背皮。

2. 机械剥皮　先用手工剥头皮，并卸下头。剥四肢皮并割蹄，再剥腹皮。将剥离的前肢固定在铁柱上，后肢吊在悬空轨道上，再将颈、前肢已剥离皮的游离端连在滑车的排钩上，开动滑车将未剥离的背部皮扯掉。遇到难剥的部分，应小心剥离，不可猛扯硬拉。在整个操作过程中，要防止污物、毛皮、脏手弄脏胴体。机械剥皮可以减少污染和皮张损伤，提高工作效率，减轻劳动强度，有条件的企业应尽量采用。

（五）开膛与净膛

剥皮后应立即开膛取出内脏，最迟不超过30 min，否则对脏器和肌肉均有不良影响。稍具规模的肉联厂或牦牛屠宰场，应尽量采用机械倒挂式开膛方式。这样既可减轻劳动强度，又能降低胴体被胃肠内容物污染的概率。将屠体用吊钩挂在早已固定好的横杆上，剖腹（开膛）摘取内脏。具体方法是：用刀割开颈部肌肉，分离气管和食管，并将食管打结，以防在剖腹时胃内容物流出；用砍刀从胸骨处经腹中线至胸部切开胴体；左手伸进骨盆腔拉动直肠，右手用刀沿肛门一圈环切，并将直肠端打结后顺势取下膀胱；取出靠近胸腔的脾脏，找到食管并打结后将胃肠全部取出；用刀由下而上砍开胸骨，取出心脏、肝脏、肺和气管。开膛时应小心沿腹部正中线剖开腹腔，切勿划破胃肠、膀胱和胆囊。若胴体万一被胃肠内容物、尿液和胆汁所污染，则应立即将其冲洗干净。

（六）胴体劈半

牦牛胴体一般先进行劈半，即沿脊柱将胴体劈成两半。劈半以劈开脊椎管暴露出脊髓为宜，避免左右弯曲或劈断、劈碎脊椎，以防藏纳污垢和降低胴体价值。牦牛胴体劈半后，尚需沿最后肋骨前缘，将半胴体分割为前后两部分，即四分体；然后再根据需要，进行分割肉的加工。

（七）胴体整理

切除头、蹄，取出内脏的全胴体，应保留带骨的尾、胸腺、膈肌、肾脏和肾脏周围的脂肪（板油）、骨盆中的脂肪。然后对胴体进行检查，修刮残毛、血污、瘀斑、伤痕等。确证胴体整洁卫生，符合商品要求。

二、甘南牦牛肉产品加工工艺

（一）鲜牦牛肉

将屠宰后的胴体切割成块，置于锅内，加水煮沸后停留片刻即可食用。食

用时用刀具将其一片片削下来，略蘸食盐用奶茶辅食。水煮后的牦牛肉，盛于盘内，称为“手抓肉”。

（二）风干牦牛肉

风干牦牛肉是充分利用甘南地区冬季低温、低压的特殊自然气候条件，将牦牛肉进行切条、风干后形成的一种生食传统肉制品。风干牦牛肉产品呈黄褐色或红褐色，肌纤维纹理较清晰，具有牦牛肉特有的风味。然而加工季节的不同即风干条件不同可导致牦牛肉的口感和质地略有差异。通常情况下，温度越低，风干牦牛肉的质地和口感就越酥松，越易用手撕成条状。

1. 选料　选取自然放牧下饲养的健康、无病、肥度良好的、经屠宰分割后排酸 24 h 的牦牛肉作为原料。

2. 加工条件　风干牦牛肉的加工对环境条件的要求很强。每年 11 月时气温都在 0℃以下，相对湿度也比较低，大多数年份各地区湿度最高不超过 54%，最低只有 29%。在这样的温度和湿度条件下，肉极易被冻结，肉中的水分也较易蒸发。

3. 晾挂与风干　将牦牛肉切成长 30 cm、宽 4～5 cm 左右的肉条，用绳子悬挂于通风、阴凉的房子里。肉块之间不要互相接触，要特别注意通风和防止被沙土污染。肉块将很快由热变凉至冻结，经过 45 d，肉块脱水干燥后即为风干肉。采用风干的方法贮藏牛肉比天然的冻牛肉贮藏的时间长，只是风味不同。风干肉的出品率约为 34.09%，含水量为 7.46%，脂肪、蛋白质却无变性表现，也无异味。优质风干牦牛肉呈棕黄色，肉质松脆，用手一掰即断。如果用双手搓揉，则肌纤维可被搓成肉松状。

4. 加工技术要点

（1）季节的选择　在秋末冬初进行牦牛屠宰加工，此时牦牛产区平均气温在−5℃以下。风冻干牦牛肉的加工生产一般在气温低于−10℃时开始，温度大致范围为−25～−10℃。

（2）原料肉的选择　经兽医卫生检验合格的母牦牛、阉割的公牦牛及牦犊牛的前肢、后肢和背部的纯瘦肉（包括背最长肌）部分为最佳的原料肉，并仔细剔除皮、骨、筋腱、脂肪、肌膜、血管、淋巴、结缔组织等。

（3）冷却及肉的成熟　将选择好的牦牛肉用薄膜包装，冷却至 3℃令其成熟。在此过程中，牦牛肉会发生一系列的生物化学变化，如本身存在的组织蛋白酶将缓慢地分解肌纤维间或肌肉本身的结缔组织，一方面生成与肉香味有关的游离氨基酸，另一方面使得肉体嫩化，这将使得产品复水后具有更好的品质和风味。

(4) 切条吊挂　根据需要，可将新鲜牦牛肉块切成长条。一般每一条肉长20～25 cm、宽及厚3～3.5 cm，切条过程中形状，长度都要求大小均匀一致，注意切条时要剔除肉块中残存的脂肪、筋腱。同时，每两条肉的连接处保留0.5～1 cm厚的肌肉，便于吊挂。每条肉之间保持1～2 cm的距离，利于通风冻干和保持一致的色泽。

(5) 风干冷冻　牦牛肉冻干室要求通风、阴凉、避光、寒冷，生产季节冻干室内温度要达到－20～－10℃才能生产出品质最佳的风冻干牦牛肉。一般自然通风的牦牛肉要在冻干室内吊挂近2个月才能被完全冻干。

(三) 牦牛肉灌肠制品

简单地讲，灌肠制品就是先将碎的牦牛肉均匀地加入调味品、香料等，然后装入洗净的小肠、大肠或真胃内煮熟而制成的肉制品。灌肠制品分小肠灌肠、大肠灌肠、灌肚子和血肠4种，灌肠制品因含水分较多而不能久存，一般是现加工现食用。但在寒冷的季节，如挂在通风阴凉处也可保存1个月左右。

1. 原料与配方

(1) 原料　以符合国家卫生标准的优质牦牛肉为原料，主要取自于颈肉、胸叉肉、腹肉、里脊横膈（可分割的优质肉块不用于灌肠）。将肉料分割为1 kg左右大块，冷却至0℃。血液、心脏、肺脏、肝脏、肾脏及部分内脂都可灌肠。大肠、小肠、真胃，另配以青稞炒面、米粉、食盐、调味品等。

(2) 配方

①主料（以质量分数计）　牦牛肉49%；牦牛脂肪21%。

②腌制料　食用盐1.5%，亚硝酸钠0.01%，异维生素C钠0.05%。

③斩拌料　冰水21%，玉米淀粉味精2%，白砂糖、复合磷酸盐、红曲红色素（60色价）、五香粉合计1.44%。

2. 工艺流程　原料牦牛肉的选择→清洗→整理分割→修整切条→冷却→绞制→配料、腌制→斩拌→充填（用天然肠衣）→干燥→蒸煮→冷却→定量包装→二次灭菌→冷却→检验→外包装→贴标、打码→成品贮藏。

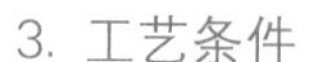

3. 工艺条件

(1) 牦牛肉的选择　选择经兽医检疫部门检验合格的、质量良好的新鲜牦牛肉或冷冻牦牛肉。

(2) 开剖、去骨　带骨的加工原料经过开剖，去除骨骼和部分脂肪。

(3) 修割、细切　去除筋腱、肌膜、碎骨软骨血块、淋巴结等，并将大块的原料分切成拳头大小的肉块，便于腌制和绞碎。

(4) 腌制　在整理切块后，将磷酸盐加 70 mL 温水溶解后加入肉中拌匀；将氯化钠、亚硝酸钠混合，加水 150 mL 溶解，加入肉中混匀；将卡拉胶加入 150 mL 制成膏状，加入肉中拌匀；将异维生素 C 钠加入 30 mL 水溶解后添加到肉中拌匀。将以上材料在 0～4℃条件下腌制 36 h，每隔 2 h 搅拌 1 次。将牛肉和牛脂肪分别用腌料在 4～6℃条件下腌制，使腌料充分渗透和扩散。

(5) 绞碎　用绞肉机将经腌制后的牛肉块绞碎成肉粒，牛脂肪切成 0.6～0.8 cm^3 的方丁。

(6) 充填　将处理好的肉馅装入灌筒。装入时要紧实，避免产生空隙。

(7) 干燥　在 65～70℃的条件下烘烤 40 min 左右，待肠衣表面干燥、光滑，变为粉红色，手摸无湿感且肠衣是半透明状时停止烘烤。

(8) 煮制　在 85～90℃的条件下煮制，当灌肠的中心温度达到 68～70℃即已煮好。

(9) 熏制　在烟熏箱内进行熏制。

(10) 冷却　先将煮制或熏制的灌肠冷却至 20℃左右，再移到 2～5℃的冷库冷却 24 h，最后包装。

(四) 酱牦牛肉

1. 工艺流程　原料牦牛肉的选择→原料预处理→调酱→装锅→酱制→出锅→冷却、包装。

2. 设备及用具

(1) 主要设备　有冷藏柜、煤气灶、恒温冷热缸等。

(2) 主要用具　有台秤、砧板、刀具、塑料盆、盘等。

3. 工艺要点

(1) 原料肉的选择　清除经兽医卫生检疫部分检验合格的新鲜、健康、无疾病、来自非疫区的新鲜牦牛肉或冷冻牦牛肉的腺体、污物，然后将其洗净，用清水浸泡排出血污，再切成 1 kg 左右的肉块。将切好的肉块放在清水中冲洗一次，按肉质的老嫩程度分别存放。

（2）原料肉的预处理　冷冻肉需要放在干净、卫生的解冻池中完全解冻后使用。符合要求的原料肉先用冷水浸泡，清除瘀血，用板刷将肉洗刷干净，剔除骨头。然后切成 0.75～1 kg 的肉块，厚度不超过 40 cm。将切好的肉块放在清水中冲洗一次，按肉质的老嫩程度分别存放。

（3）调酱　以牦牛肉 100 kg 计，黄酱用量为 10 kg、食盐用量为 3 kg。将一定量的水和黄酱拌和，捞出酱渣，煮沸 1 h，撇去浮在汤面上的酱沫，盛入容器内备用。

（4）装锅　先在锅底和四周垫上骨头，使肉块不紧贴锅壁，按肉质的老嫩程度将肉块码在锅内。老的肉块码在底部，嫩的放在上面，前腿、腔子肉放在中间。

（5）酱制　以牦牛肉 100 kg 计，香辛料用量为桂皮 250 g、丁香 250 g、砂仁 250 g、大茴香 500 g。

在锅内放好肉后，倒入调好的酱汤，煮沸后按照比例加入各种配料，用压锅板压好，添上清水，用旺火煮制 4 h 左右。煮制 1 h 后，撇去汤面浮沫，再每隔 1 h 翻锅 1 次。根据汤的情况适当加入老汤，使每块肉都能浸在肉汤中。再用文火煨煮 4 h，使香味慢慢渗入肉中。煨煮时，每隔 1 h 翻锅 1 次，使肉块熟烂程度一致。

（6）出锅　出锅时为保持肉块完整，要用特制的铁拍子，把肉一块一块地从锅中托出，并随手用锅内原汤冲洗，除去肉块上沾染的料渣，然后码在消过毒的屉盘上。

（7）冷却、包装　煮好的牦牛肉静置冷却后真空包装，即为成品，可置冷藏条件下保存。

4. 新工艺

（1）工艺流程　原料牦牛肉的处理→配制注射液→注射→滚揉→煮制→冷却→成品。

（2）工艺要点

①原料肉的处理　选用牦牛的前肩肉或后臂肉，并去除脂肪、筋腱、淋巴、瘀血，切成 2～3 kg 的小块。

②配制注射液　以牦牛肉 100 kg 计，将适量的白胡椒、花椒、大料放入

20 kg 水中熬制，冷却至 30℃左右加入食盐 2 kg、品质改良剂 2 kg，搅拌使其溶化，过滤后备用。

③注射　用盐水注射机将配制好的注射液注入肉块中。

④滚揉　将注射后的牦牛肉块放入滚揉机中，以 8～10r/min 的转速滚揉。滚揉时的温度应控制在 10℃以下，滚揉时间为 4～6 h。

⑤煮制　滚揉后的牛肉块放入 85～87℃的水中焖煮 2.5～3 h 出锅，即为成品。

⑥冷却包装　煮好的牛肉静置冷却后真空包装，即为成品，可置冷藏条件下保存。

（五）牦牛肉罐头

1. 材料

（1）主料　牦牛肉。

（2）辅料　有食盐、白糖、酱油、味精、八角、桂皮、生姜、花椒。

（3）腌制剂　有异抗坏血酸、硝酸钠、葡萄糖、多聚磷酸盐（三聚磷酸钠：六偏磷酸钠：焦磷酸钠＝2：1：2）等。

（4）嫩化剂　主要为松肉粉。

（5）其他　主要为植物油。

2. 工艺流程　原料肉的选择→解冻→修整、分割→嫩化→稳重、滚揉→煮制→冷却、修整→装罐、杀菌→观察→检验→成品。

3. 操作要点

（1）原料肉的选择　对屠宰合格的无病变组织，无伤斑、无残留小片皮，无浮毛、无粪污、无胆汁污染和无凝血块的牦牛胴体切割成 250 g 的肉块，修去表面脂肪、筋膜、板筋、淋巴、软骨，冲洗干净。为防止肉色因氧化变暗，屠宰后的肉块先在－35℃速冻 24 h，然后于－18℃下冷藏，待用。

（2）解冻　将冷冻肉去掉内外包装，放在解冻池中用自来水进行解冻，使用长流水或定期换水，至以适宜加工为宜。解冻的目的是便于切块和蒸煮入味。以 1 kg 计，解冻时间为 25 min，汁液流出 0.06 kg。这种方法较其他解冻所用时间长，但汁液流出量少，肉色及滋味变化不明显。

（3）修整、分割　将解冻后的原料肉表面的杂物及骨头去除干净，然后进行修割，将筋膜、淋巴结、腺体、脓包、浮毛、血块、碎骨、软骨等杂物剔除干净，然后分割成约 4 cm×4 cm×5 cm 的长方体肉块。

（4）嫩化　由于所选用的原料为高原牦牛肉，其肌红蛋白的含量高，肌纤维粗硬，故需要嫩化以改善肉质，可用木瓜蛋白酶酶解肌肉中的蛋白质来嫩化肌纤维。

（5）稳重、滚揉　将分割好的牦牛肉进行清洗，沥净水后进行稳重，按加工肉量配制滚揉需加入的各种辅料。辅料的基本配方为：白糖 2%、调味料（酱油、味精）1%、异抗坏血酸 0.06%、硝酸钠 0.03%、多聚磷酸盐 0.50%、水 20%。先置于滚揉机中充分混匀，然后加入原料肉，关闭机盖，真空至 0.065 MPa，打开冷凝水，启动滚揉机。滚肉时间不少于 10 h，正转 15 min、反转 15 min，间隔 5 min。

（6）煮制　将卤汁烧开，下入料包，改用大火后将经滚揉的肉块下锅，尽快烧开。大火煮制 10 min，文火焖煮 40 min 后大火出锅。

（7）冷却、修整　牦牛肉按出锅次序摆放，冷却至室温。再将肉中的筋膜、淋巴及肉表面浮毛等杂物捡净，根据不同规格修整成合适的块状。

（8）装罐　将香辛料洗净，装入纱布口袋，扎紧袋口，加入适量牦牛肉汤煮沸 20 min，定量，过滤准备装罐。罐头的固形物含量达到 55%左右，装罐时食品表面与容器翻边相距 1～2 cm。要求真空封口平直、牢固、无皱折、无斜封、无漏封、产品真空度充足、真空度表压大于等于 0.075 MPa。

（9）杀菌　装罐后盖上罐盖在排气锅内加热，用高温高压杀菌。温度计测罐头中轴线距罐底 1/3 处的温度，温度 100～120℃，压力 0.15～0.18 MPa，时间 40 min。杀菌后的罐头放置自然冷却后即得成品。将罐头放在观察间观察 7 d，检查是否有软袋、鼓胀等现象发生。

（10）检验与包装　抽取样品，进行检验。检验合格的产品，拭净内袋表面的水珠、杂物等，套外装，外封口注明生产日期，按规定数量装箱，放入合格证，加盖检验章。

（六）牦牛肉干

经过选肉及剔肉后，先将牦牛肉蒸煮熟化，切肉固形，再将切好的小肉块在锅内炒制，最后烘干、包装。牦牛产区生产的牛肉干一般有五香牛肉干和咖喱牛肉干两种。

1. 主要加工设备　有摇浸机、夹层蒸煮锅、蒸汽烤箱、电子秤、真空包装机。

2. 工艺流程　选料修整→去血素→预煮→切形配料→复煮→脱汁、干燥→杀菌、冷却→称量、包装。

3. 操作要点

(1) 选料修理　剔净经卫生检验合格的鲜（冻）牦牛肉的皮、骨、筋腱、脂肪及肌膜。取肉部位以前后腿（牛展）、针扒、烩扒、尾龙扒、林元肉为佳。自然解冻（温度≤15℃，相对湿度≥70%）后，去除牛肉上附着的脂肪、板筋、肌腿、淋巴结、血污等杂碎，顺着肌纤维纹路将原料肉切成0.5kg的肉块，备用。

(2) 去血素、预煮　将选好并修整的牛肉用冷水浸泡1h左右（此过程也可以在修整时边修整边浸泡），除去肉中多余的血红蛋白。冷水浸泡去血素后，将肉投入蒸汽夹层锅内预煮，生肉与水的重量比为1∶1.5，加水量以淹没肉块为度，肉与冷水同时加入，然后再升温。牦牛肉膻味较大，初煮时需加入0.5%食盐、1%生姜和1%葱（以原料肉重计）。待水沸腾时，捞净锅内的浮沫，然后加入生姜、葱及香料包。预煮时间为1h左右，煮至肉块表面硬结、切开内部无血水时为止，则肉块预煮工序完成，肉块起锅，煮后将肉块捞出冷却，使肉块变硬，以便切坯。肉完全成熟阶段可通过复煮完成。

(3) 切形配料　切形既可用手工，也可利用机器（分切机）。一般片型长3～4cm、厚0.3～0.4cm；条型长3～5cm、宽及厚0.3～0.5cm；肉丁时则长、宽、厚各1cm。切坯过程中无论切成什么形状都要求大小均匀一致，并注意剔除肉块中残存的脂肪、筋腱。

(4) 复煮　复煮时，先定量出复煮汤（用预煮肉的肉汤最好），可以依据口味而加少量香料粉来调味。取部分初煮原汤，以淹没肉条为准；然后加入肉条或肉片，用较高的蒸汽压煮制，随汤水的减少而改为较低蒸汽压煮制，在无汤水时加入味精等调味料（如桂皮、甘草、八角、大小茴香）；最后关火翻炒几次再添加香料，分三次加入适量的白砂糖、精盐等调料。添加香料的时机是用手捏肉条或者肉片，以有肉汁渗出但不滴下为准，此时复煮肉已经完全煮熟，而且水分含量在45%～50%，并利于干燥过程中节约能源。

(5) 脱汁、干燥　将复煮肉用提升机提升到连续式干燥箱入口处，通过干燥箱的定量装置均匀输入干燥箱内。箱内风速（0.5～1.0m/s）采用两段中间排气式，即混合式气流排气时，由于刚进干燥箱的复煮肉含汁较多而易筛，因而用两节相互独立控制的连续干燥箱配合作用。这样在第一节干燥完后可以让肉条或肉片翻到第二节上，利于干燥。整个过程用时 70～80 min，平均温度 67℃，当肉干水分含量为 20%以下时即可出烤箱。用连续式干燥箱较间歇式干燥箱更易均匀控制水分，以及利于及时进行下一工序。

（6）杀菌、冷却　干燥出来的肉干再均匀通过紫外线冷杀菌通道，并伴有机械鼓风冷却，以达到杀菌与冷却之双效，然后用复合膜包装，以求阻气、阻温之效。

（7）称量、包装　用电子秤准确称量，采用双层复合膜抽真空包装。

（七）酱牦牛杂碎

以新鲜及符合卫生要求的牦牛内脏、头、蹄（包括蹄筋）作为原料，分别清洗、整理，在清水中浸泡 1～2 h，捞出沥干，再配料、蒸煮，出锅后分别放置并沥干，此即为成品。

三、牦牛奶产品工艺

（一）牦牛酸奶（发酵奶）制品的加工工艺

酸奶（也称发酵奶）系列制品，是经过加入乳酸菌发酵之后而制成的产品。在发酵过程中也可以添加一些有益于人体健康的营养物质，以增加酸奶制品的风味和口感。

发酵酸奶制品具有良好的口感和香味，具有洁白、良好的凝块和硬度。要具备这些特点，都要通过加工过程中的杀菌、热处理、均质、冷却接种、恒温培养等严格工艺过程。

牦牛酸奶因含固形物（无脂干物质）高，所以食用时很浓稠，硬度较大。用牦牛奶制作的酸奶可分为凝固型和搅拌型两大类。品质好的酸奶应具有乳脂香味，凝固如豆腐状，表面不出现黄水（乳清），微酸或酸度为 0.7～0.9（乳酸度）。品质不好的酸奶则乳脂味淡、凝固硬度差、酸度高，出现黄水。

凝固型牦牛酸奶的制作工艺是：先将奶加热至 85℃，冷却 30 min 后加入菌母液，在火炉边保温 4～8 h 即凝固为牦牛酸奶。除这种纯天然的酸奶制作外，人们经过不断改进后，在奶中加入香精、果酱、水果、香草、色素、蔗糖、稳定剂等物质，大大提高了原天然型酸奶风味。普遍将酸牛奶制作为风味

酸凝乳，这样其风味和质量都得到了更大改进。

（二）牦牛奶油的制造工艺

牦牛奶中的脂肪含量为6.5%～7.5%，个别的高达8%，是生产奶油的最好原料，各生产厂家都十分重视这一产品的加工。奶油经发酵、脱水后，就成为当地藏牧民不可缺少的酥油食品。酥油是产区藏族人民对奶油的传统称谓，可制作酥油茶、酥油糌粑等，是牧民每天食用的主要油脂来源。目前，在牧区主要生产奶油和酥油两大类制品，市场畅销供不应求，其奶油的生产量逐年上升。

1. 普通奶油的生产工艺

（1）新鲜牦牛奶稀奶油的分离　在牧区，先将挤出的牦牛奶进行过滤，冬天将奶加热到38℃，夏天保持在35℃的温度进行分离。目前多采用的分离机是手摇分离机，在不缺电的地区也可用电动式分离机。

（2）加热与发酵　将分离出的稀奶油先加热到75～80℃。因在高原上气压低，所以在80～85℃时就可见到加热的牛奶中有沸腾的气泡，此过程在当地叫煮奶，时间为30～40 min，然后立即冷却到35℃左右加入预先准备好的酸奶发酵剂（又称菌母液）。将奶放在38℃下发酵24 h，并用盖将桶盖严，以准备次日抽打奶油用。

（3）抽打（搅拌）发酵稀奶油　将发酵后的稀奶油倒入专门能上下抽动的木桶内。木桶长为1.2 m，直径为40～60 cm。桶上有盖，中央有一根木棒，木棒下端有一带孔的圆盘。稀奶油受圆盘上下移动（抽动）急流的挤压后，脂肪被碰撞上漂到木桶上端。当其抽动木棒25～30 min后，打开桶盖，用手即可将奶油粒捧出来。这样每抽打25～30 min捧一次奶油粒，稀奶油基本上会被全部搅拌出来。剩下的酪乳再静置，取其沉淀（浓酪乳），每次留500～1 000 g含乳酸菌的奶液于低温处盖严放存，以备下次发酵稀奶油时再用，而下层的乳清水一般倒掉不用。

（4）水洗奶油粒　经过抽打完成获得的奶油粒中含有大量发酵的酪乳液，因此必须用冷开水进行水洗。水洗的方法是用手将奶油粒捏成小块，然后放入冷开水中，并不停搅动，尽量把酪乳溶解出来。先加入的冷开水由清亮转变为白色的乳浊液。一般要水洗两次，奶油粒中的酪乳才基本上溶解于水中，再用手捧出奶油块，倒去水洗酪乳液。

（5）挤压定型　将水洗后的奶油块以1.5～2.5kg为一团，用手进行挤压，目的是挤出奶油中的多余水分。边挤边揉动，直到奶油不再出水时，把奶油搓成圆球形或扁圆形或砖块形等，这时的成品即为酥油。在牧区因酥油发酵时间有长有短，即发酵自然成熟的程度不一样，所以酥油多带有一股浓酪乳的发酵酸味。酥油一般在4～8℃的高原气温下，可自然贮存6～10月。

（6）酥油的包装　有以下3种。

①简单包装方法　在甘南州牧区包装酥油的材料多就地取材，常采用乳酸浸泡后鞣制的羊皮、瘤胃剥后的外层结缔组织膜，以及用酥油热浸后的白布等来包装。

②木桶包装法　在牧区也用预先做好的木桶（加盖，规格为2.5kg、5kg、10kg的容量）来包装酥油，但木桶在包装前要洗净、晒干。直接装入压实，不留空气和空隙。装好后要盖上木盖，有利于贮存和随时取出食用。

③纸箱包装法　为了节约大量的木材，现代化奶制品加工厂多用瓦楞纸板作外包装，内包装为硫酸纸，每箱重量为20～25kg。但该包装只适合冬季，不适合夏季，否则夏天气温高时包装盒容易熔化流失。

（三）牦牛奶制作干酪的加工工艺

牦牛奶属于高脂肪、高蛋白质的牛奶，其制作时可以先脱去50%的奶脂，但不脱脂时其所制作的干酪硬度比普通牛奶干酪稍大。原因可能是牦牛奶中含酪蛋白的总量比其他牛奶的要多，并以此增加了硬度。干酪富含蛋白质、脂肪、矿物质、维生素等物质，营养价值极高。

牦牛产区常食用的有硬干酪、半硬干酪、鲜干酪3种。硬干酪含乳清较少，质地坚硬，颗粒小，似小米、绿豆、黄豆、蚕豆大小等。半硬干酪含水量（乳清）为20%～30%，也有含40%左右的，质地偏软，颗粒较大如大拇指。鲜干酪为排出乳清后的凝乳块，尚含有一定数量的乳清，类似大豆制品或豆腐干。不同种类的干酪食用方法也不一样。硬干酪多与青稞炒面、酥油混食，即藏话“糌粑”。半硬干酪除饮用奶茶时作为食用外，牧民外出（如放牧牲畜）时常作应急食用。鲜干酪多切成方形小薄片状盛于盘内，在饮用奶茶时食用，也有放糖食用或用油炒加盐食用。

传统干酪的生产方法：

（1）原料奶　一般为脱脂乳，也有用全脂乳或半全脂乳。前者所制干酪色白，后者所制干酪色黄，更为可口。

（2）加凝固剂　原奶灭菌冷却后盛入锅中，倒进少量酸奶与原奶混合均匀。

（3）加热　不用大火加热，避免球蛋白沉底烧焦，使所制干酪质差。加热时要用文火，直至加热到有乳清出现，凝乳块下沉。在加热过程中，要不断搅拌直到微烫手时为止，这样可避免烧焦。

（4）排出乳清　将加热过的凝乳块与乳清盛入干净白布袋内，然后扎口吊在帐房外，让乳清缓缓渗出，直至不渗滴后取下。然后将扎口绳移至凝乳块处扎紧，放在高于地面的桌面上或平坦的石板上，上面压以平整木板或石片，再压以较重的石块或其他重物，使袋内凝乳块中残留的乳清尽快排净，至不再渗出为止。

（四）牦牛奶粉的加工工艺

现代化的奶粉加工厂所生产的奶粉，更加严格控制了微生物的数量，制品耐贮存，并且味道和营养物质没有发生损失和变化，其加工工艺如下：

1. 奶粉的生产工艺　各种奶粉的生产工艺流程大致相似。

2. 对原料奶的要求

（1）用于生产奶粉的鲜奶质量要求很严格。首先是每克奶粉中细菌数不能超过3万～5万个，因此要求鲜奶的酸度应小于18°T。为了除去奶中的芽孢杆菌，要采用离心机进行处理，以提高奶粉质量。

（2）用于生产奶粉的鲜奶不能先进行高温处理，以防蛋白质中乳清蛋白变性，并保证奶粉的溶解度、香味、风味等不受影响。另外，奶粉需经过氧化物酶和乳清蛋白试验，测定出热处理是否过高。这两种试验都可测出牛奶在加热杀菌中温度是否过高。

（3）运输过程中牛奶不能冻结，以防部分脂肪分离而降低品质。

（4）感观检查中，凡是有异味奶、变色奶、杂质奶等情况的奶均不能用于加工奶粉。

（5）理化指标中，酸度、比重、酒精阳性试验不合格的变质奶不得用于加工奶粉。

（6）生产脱脂奶粉之前，奶的净化与脱脂分离可同时进行，然后再进行含脂率标准化处理。如果生产加工全脂奶粉，则需先进行离心净化处理。

（7）加热杀菌处理中，要求达到磷酸酶试验呈阳性。在全脂奶粉加热处理温度高低的确定，需看能否控制脂肪酶的钝化而定。一般高温杀菌处理之后，也应作磷酸酶的试验，以确定鲜牛奶中途热处理的质量及变化情况。

（五）曲拉

曲拉（藏语，指奶干渣），是青藏高原地区的牧民将牦牛乳脱脂分离、煮开、接种乳酸菌发酵使乳蛋白质凝固，经脱水干燥所得的奶干渣。在中国乃至世界上只有青藏高原牧民有将牦牛乳制成曲拉的生活习惯，是中国的独有资源。中国以曲拉为原料生产干酪素时存在的主要问题是色泽黄暗、酸度较低、黏度低、气味不佳，质量不能达标，不能满足市场对高质量盐酸干酪素的需求；同时，用曲拉生产的干酪素品种单一，缺少深加工产品，加工技术落后，产品质量不稳定，生产规模小，管理水平低，经济效益不高。

第三节　现有品种标准及产品商标情况

一、甘南牦牛地方标准

甘南藏族自治州畜牧科学研究所的科技人员在甘南藏族自治州长期从事甘南牦牛选育与生产工作过程中，制定了一系列有关甘南牦牛的甘肃省地方标准，这些标准对规范甘南牦牛标准化生产起到了较大的作用。目前已制定的甘南牦牛地方标准共计16项，即《甘南牦牛》（DB 62/T 489—2011）、《绿色食品　牦牛饲养技术规程》（DB 62/T 1350—2015）、《甘南牦牛选育技术规程》（DB 62/T 2181—2011）、《甘南牦牛种牛鉴定技术规程》（DB 62/T 2128—2011）、《甘南牦牛杂交改良技术规程》（DB 62/T 2182—2011）、《甘南牦牛育肥技术规程》（DB 62/T 2027—2011）、《甘南牦犊牛饲养管理技术规程》（DB 62/T 2025—2011）、《甘南牦牛繁育技术规程》（DB 62/T 2635—2015）、《牦牛肉生产成熟技术技术规程》（DB 62/T 1797—2009）、《甘南生鲜牦牛乳生产技术规程》（DB 62/T 1796—2009）、《甘南牦牛酸奶》（DB 62/T 1795—2009）、《甘南生鲜牦牛乳》（DB 62/T 1599—2007）、《甘南酥油》（DB 62/T 1500—2007）、《甘南牦牛寄生虫病防治技术规范》（DB 62/T 2030—2011）、《甘南州牛皮蝇蛆病防治技术规程》（DB 62/T 2183—2011）、《甘南牛羊养殖小区建设技术规范》（DB 62/T 1601—2007）。

二、甘南牦牛行业标准

甘南牦牛存栏量大、分布地区广，中国农业科学院兰州畜牧与兽药研究的科技人员在执行甘肃省科技重大专项“甘南牦牛藏羊良种繁育基地建设及健康养殖技术集成示范”和国家科技支撑计划项目“甘肃甘南草原牧区生产生态生活保障技术集成与示范”的过程中发现，已有的甘肃省地方标准《甘南牦牛》（DB 62/T 489—2011）中部分指标老旧，已远远不能满足甘南牦牛选育的需要，造成目前对甘南牦牛的选育标准不统一，管理也比较混乱，因此制定甘南牦牛行业标准，对规范、指导甘南牦牛选育提高和生产管理，促进高寒牧区优质牦牛品种的扩繁和综合质量的提高，加快甘肃藏区畜牧业标准化进程都非常必要。

2012 年 10 月，中国农业科学院兰州畜牧与兽药研究所向农业部畜牧业司上报行业标准《甘南牦牛》申报书，2014 年农业部下达甘南牦牛品种标准项目。

2014 年 11 月 19 日，经征求全国畜牧业标准化技术委员会意见并经同意，中国农业科学院兰州畜牧与兽药研究所组织有关专家对农业行业标准《甘南牦牛》征求意见稿进行了预审。2014 年 12 月 13 日，受农业部畜牧业司的委托，全国畜牧业标准化技术委员会组织有关专家对农业行业标准《甘南牦牛》送审稿进行了审定。2015 年农业部 2307 号公告批准发布中华人民共和国农业行业标准《甘南牦牛》，自 2015 年 12 月 1 日起实施。标准见附录一。

三、产品商标情况

甘南牦牛在高寒草原上放牧，无工业污染和农药污染，环境清新，再加上因气候、生态条件特殊，太阳辐射强、昼夜温差大，牧草营养具有粗蛋白、粗脂肪、无氮浸出物和热能高及粗纤维低的特性，因此形成了无污染的“绿色野味肉”和优质乳产品。随着甘南地区旅游业的大力发展和人们对天然绿色食品的追求，甘南牦牛肉乳制品作为西北地区的土特产渐渐受到人们的青睐，销量逐渐上升，随之也涌现出规模较大的牦牛加工企业，并打造了一些知名品牌，如甘南燎原乳业有限公司以甘南牦牛乳为主要原料生产的“燎原牌”全脂奶粉、婴儿奶粉、甘肃华羚乳品集团以甘南牦牛乳为主要原料生产的“华羚牌”干酪素和酪朊酸钠、甘肃天玛生态食品科技股份有限公司生产的“天马生态”

有机牦牛肉系列产品、甘肃安多清真绿色食品有限公司的“安多”有机绿色清真牦牛肉系列产品、甘肃清真食品有限公司的“锦凤翔”牦牛肉系列产品。

第四节　甘南牦牛品牌建设

随着世界经济的发展和人民收入水平的提高，各国人民对农产品质量安全和风味特色的要求愈来愈高，畜产品品牌逐渐成为消费者认知和购买农产品的主要依据。加入WTO后，国外畜产品品牌先后进入我国市场，使得我国本土的畜产品面临激烈的竞争。我国还不是一个畜产品贸易强国，更不是畜产品品牌大国。实践证明，高品质畜产品的品牌经营比无品牌畜产品具有更高的销售价格和利润空间，我国畜产品生产经营者不仅要力争在国内买方市场中取胜，更要不断提升农产品竞争力以抵御国外畜产品的冲击，在竞争激烈的国际市场上获得一席之地。

甘南州是我国重要的畜牧业基地和理想的有机畜牧产品生产区域，以甘南牦牛为主的高原特色生态畜牧业是甘南州首位产业、农牧业支柱产业和产业扶贫的主导产业。虽然甘南牦牛生产时间久远，但多数仍采用传统的分散饲养方式，这种饲养方式较为落后，没有形成规模，更不具有科学的标准规范。甘南牦牛在区域品牌建设中起步较晚，产品在市场上缺乏品牌竞争力，急需加强甘南牦牛区域品牌建设。从经济效益角度看，可实现产品增值，提高牦牛养殖的整体效益和增加牧民收入；从生态效益角度看，发展高档牦牛养殖产业，是甘南牦牛产业经营方式的主动转变，并能缓解自然资源的压力，促进自然生态环境的良性发展；从社会效益角度看，发展优质甘南牦牛肉乳可为改善我国肉类产品的消费结构做出贡献，对甘肃省畜牧业生产结构和农业产业结构的调整将发挥重要的作用。

近年来，甘南牦牛产业受到甘南州州委、州政府的高度重视，先后出台了一系列支持牦牛肉乳产业发展的政策措施，以促进牦牛产业逐步走上健康发展的道路。

一、利用政策机遇支持与品牌建设

国家及地方持续扶持藏区牦牛产业发展的政策叠加，给甘南牦牛产业的健康发展带来了良好的政策机遇，而随着城乡居民消费结构升级，人们对食品的

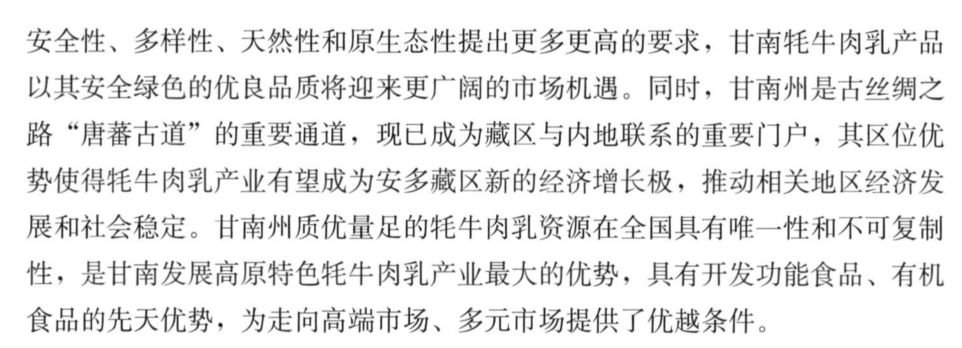

安全性、多样性、天然性和原生态性提出更多更高的要求，甘南牦牛肉乳产品以其安全绿色的优良品质将迎来更广阔的市场机遇。同时，甘南州是古丝绸之路“唐蕃古道”的重要通道，现已成为藏区与内地联系的重要门户，其区位优势使得牦牛肉乳产业有望成为安多藏区新的经济增长极，推动相关地区经济发展和社会稳定。甘南州质优量足的牦牛肉乳资源在全国具有唯一性和不可复制性，是甘南发展高原特色牦牛肉乳产业最大的优势，具有开发功能食品、有机食品的先天优势，为走向高端市场、多元市场提供了优越条件。

二、打通绿色发展通道

甘南州作为黄河、长江上游重要的生态屏障和水源涵养生态功能区，水资源丰富，天然草场面积稳定在 2.72 万 m^2，是甘肃省载畜能力较高的草场，牧草等植物种类丰富，为牦牛乳产业发展提供了稳固的基础。“十一五”以来，甘南州加大了生态保护的力度，大力实施退耕还林还草，农牧民种草、贮草积极性逐年提高，种植面积和草产量大幅增长。其间，23 家有一定规模的草产品加工企业建成并投入生产，全州饲草种植加工发展迅速，实现了规模化和技术化生产，带动了牦牛养殖业逐渐走上规模化、标准化稳定发展之路，使牦牛肉乳供应量稳步增长。2018 年，每年牛肉总产量 5.39 万 t，牛奶 9.94 万 t。除了丰富的草场资源、规模化的牦牛养殖业以外，甘南州还有一大优势资源——曲拉。甘南州是我国重要的曲拉深加工基地，而合作市是我国最大的曲拉交易重镇，年交易量 16 000 t，占全国交易量的 80%以上。曲拉资源的聚集为当地利用牦牛乳加工干酪素继而延伸产业链的生产企业提供了优质的原料保障。

三、打造特色产业链条

多年来，甘南州政府高度重视牦牛产业的发展，围绕牦牛产业打造了一条全产业链，其中牦牛肉乳特色产业已初具规模。安多清真绿色食品有限公司巧借青藏高原的区域优势，形成活畜收购、屠宰加工、销售一条龙的企业发展格局，带动了农业结构战略性调整，发挥出了地区特色产业优势，有效促进了藏区经济向产业化、集约化、规模化方向发展。华羚乳品股份有限公司和燎原乳业有限责任公司两家牦牛乳制品加工龙头企业逐步发展壮大，并分别按照原料与产品类型形成两条产业链，同时通过实施出城入园的措施，产业进一步集聚，配方和婴幼儿奶粉等高端产品比例增加，产品结构日趋合理。

四、强化科技支撑与品牌建设

甘南州政府积极组织龙头企业同省内外科研院所合作，建成了牦牛乳品国家实验室、甘肃燎原乳业技术中心等 13 个与牦牛乳产业相关的技术创新平台，大力引进牦牛乳品加工领域的科技创新高级人才，形成了基本的科技创新体系，通过畜种资源优化配置、草地高效改良和利用、新能源综合利用等技术集成，不断提高自主创新能力。现如今，甘南牦牛肉乳产业已具规模，龙头企业的发展壮大带动了产业结构趋向合理化，科技创新体系的健全及自主创新能力的不断提高让牦牛乳产业打造出自己的特色产业模式。而随着“十一五”以来，甘南州开展牦牛乳制品标准体系、食品安全监测体系和质量安全追溯体系建设，牦牛乳制品品质安全标准进一步形成体系化，产品质量安全水平显著提高，华羚乳品股份有限公司、燎原乳业有限责任公司两大龙头企业品牌因此获得多项荣誉称号，品牌建设取得突破，品牌影响力进一步扩大增强。

五、实现产品质量安全追溯

建设甘南牦牛产品质量安全追溯体系，实现了从甘南牦牛饲养、防疫、屠宰、配送、消费全过程的追溯，建立甘南牦牛生产加工过程的安全长效监督保障机制。按照“从农场到餐桌”的理念，实现质量安全无缝隙管理，从源头上保证牦牛肉乳产品的安全，为甘南牦牛产品安全生产长效监督机制的平稳运行，保障甘南牦牛产品的质量安全、维护品牌形象。

总之，政策、市场机遇与区位、资源优势等充足的条件推动甘南牦牛产业走出了一条健康、快速、坚实的发展道路。步履不息，求索不止，甘南牦牛产业将继续坚持科技创新、建设优质肉奶源基地、实现标准化生鲜乳收购网络、扶持龙头企业、加大市场营销力度、加强产业融合发展的任务及目标，推动甘南州牦牛肉乳制品产业提质增效，迈向中高端水平，将甘南着力打造为更加名副其实的“中国牦牛乳都”。

参 考 文 献

巴桑旺堆·杰布，贡嘎桑布，2012. 藏北高原犊牦牛补饲育肥试验研究［J］. 畜牧兽医，226（1）：55－56.

白晶晶，王继卿，胡江，等，2009. 甘南牦牛 *GH* 基因的 SNPs 分析［J］. 中国牛业科学（2）：1－5.

白玉光，2014. 高原型放牧妊娠母牦牛饲管措施［J］. 安徽农业科学（16）：5042－5044.

白玉光，2015. 青海高原新生牦牛犊接产与护理［J］. 养殖与饲料（8）：22－24.

边巴次仁，2013. 牦牛的育肥饲养管理技术［J］. 中国畜禽种业（12）：97.

布登付，1997. 几种常用饲料品质的鉴定［J］. 河南农业科学（3）：40.

蔡进忠，2007. 牦牛皮蝇蛆病的流行病学与危害调查［J］. 青海畜牧兽医杂志，37（2）：32－34.

曹健，罗玉柱，胡江，等，2012. 甘南牦牛 *H－FABP* 基因 CDS 区多态性及生物信息学分析［J］. 甘肃农业大学学报（4）：14－20.

曹立耘，2015. 牦牛饲养及管理技术［J］. 农村实用技术（9）：43－45.

陈国林，2009. 牦牛口蹄疫 O 型、亚洲 I 型免疫抗体检测［J］. 山东畜牧兽医，30（9）：12－12.

陈海青，罗玉柱，胡江，等，2013. 甘南牦牛 *ANK1* 基因启动子区突变与胴体质量及肉质性状的关联分析［J］. 甘肃农业大学学报（6）：6－12.

陈杰，田知利，胡江，等，2016. 牦牛 *CAPN1* 基因 intron 1 多态性及其与胴体和肉质性状的关联性［J］. 甘肃农业大学学报（8）：1315－1322.

陈明勇，张冰，陈德威，等，2001. 牦牛致病性大肠杆菌生物学特性研究［J］. 中国农业大学学报，6（3）：119－122.

成述儒，曾玉峰，王欣荣，等，2014. 甘肃境内 6 个牦牛群体 mtDNA D－环序列遗传多样性与聚类分析［J］. 华北农学报（3）：16－21.

褚敏，焦斐，吴晓云，等，2014. 牦牛 *FASN* 基因多态性及其与肉质性状的相关性研究［J］. 中国草食动物科学（1）：17－20.

褚敏，阎萍，梁春年，等，2012. *MyoD1* 基因 3′UTR SNPs 多态性与甘南牦牛生长性状相关性的研究［J］. 畜牧与兽医（9）：44－47.

崔占鸿，刘书杰，柴沙驼，等，2007. 三江源区高寒草甸草场放牧牦牛采食量的测定［J］. 中国草食动物，27（6）：20－22.

道吉草，格代，完代草，2006. 甘南州玛曲县棘球蚴病流行病学调查［J］. 中国动物保健，9：34－36.

德科加，2004. 营养舔砖对冷季放牧牦牛、藏羊的补饲效果［J］. 青海畜牧兽医杂志，34（1）：9－10.

董全民，赵新全，马有泉，等，2008. 日粮组成对生长牦牛消化和能量代谢的影响［J］. 中国畜牧杂志（5）：43－45.

冯宇哲，刘书杰，王万邦，等，2008. 高寒地区放牧牦牛补饲尿素糖蜜营养舔块效果研究［J］. 中国草食动物，28（3）：40－42.

高芳山，2008. 牦牛育肥技术初探［J］. 中国畜牧杂志（9）：54－56.

郭淑珍，李保明，杨非，等，2005. 用3/4和1/2野血牦牛杂交改良甘南牦牛试验［J］. 中国草食动物，25（6）：32－33.

郭松长，刘建全，祁得林，等，2006. 牦牛的分类学地位及起源研究：mtDNA D－loop序列的分析［J］. 兽类学报，26（4）：325－330.

郭宪，阎萍，杨勤，等，2014. 甘南牦牛繁育技术体系的建立与优化［J］. 黑龙江畜牧兽医杂志（13）：176－178.

郭宪，阎萍，曾玉峰，等，2007. 提高牦牛繁殖率的技术措施［J］. 中国牛业科学，33（4）：64－67.

郭宪，杨博辉，李勇生，等，2006. 牦牛的生态生理特性［J］. 中国畜牧杂志，42（1）：56－57.

韩兴泰，陈杰，1998. 饲喂不同蛋白水平日粮的牦牛瘤胃氮代谢与十二指肠各氮组分流量［J］. 动物营养学报，10（1）：34－43.

韩兴泰，胡令浩，谢敖云，1989. 生长牦牛和生长黄牛不同运动量的能量代谢研究［J］. 青海畜牧兽医杂志（5）：8－10.

韩兴泰，谢敖云，胡令浩，1991. 生长牦牛采食量的研究［J］. 中国牦牛，6（4）：56－58.

韩银仓，靳义超，薛自，等，2009. 补饲控释尿素对放牧牦牛和藏羊日增重的影响［J］. 饲料工业，30（23）：30－31.

韩志辉，圈华，贺晓龙，等，2010. 牦牛病毒性腹泻/黏膜病和传染性鼻气管炎血清学调查［J］. 中国动物传染病学报，18（6）：56－59.

郝力壮，王万邦，王迅，等，2013. 三江源区嵩草草地枯草期牧草营养价值评定及载畜量研究［J］. 草地学报（1）：56－64.

贺安祥，蒋忠荣，叶忠明，等，2006. 牦牛球虫病的流行病学调查［J］. 中国畜牧兽医，36（6）：154－156.

贺安祥，叶忠明，甄康娜，等，2009. 牦牛球虫病防治 [J]. 四川畜牧兽医 (2)：52-53.
胡令浩，谢敖云，韩兴泰，1989. 生长牦牛及生长黄牛体表面积测定 [J]. 青海畜牧兽医杂志 (5)：1-4.
胡令浩，谢敖云，韩兴泰，1992. 不同海拔高度下生长牦牛绝食代谢的研究 [J]. 青海畜牧兽医杂志 (2)：1-5.
霍生东，2006. 牦牛妊娠早期胚胎及胎儿形态发育的研究 [D]. 兰州：甘肃农业大学.
纪金春，金美旦巴，1995. 牦牛病毒性腹泻—黏膜病防制中间试验 [J]. 青海畜牧兽医杂志，25 (2)：5-7.
蹇尚林，左学明，谭雄，2000. 牧区幼弱牦牛冷季异地保活与育肥试验（初报）[J]. 中国草食动物，2 (1)：29.
拉环，蔡进忠，李春花，等，2007. 伊维菌素泼背剂对牦牛寄生虫的驱除效果试验 [J]. 中国牛业科学，33 (5)：41-45.
李芙琴，2010. 三江源地区牦牛巴氏杆菌病调查 [J]. 草业与畜牧 (7)：47-48.
李华德，2005. 牦犊牛的饲养管理技术 [J]. 四川草原 (12)：58.
李加太，2004. 牦牛的驯养及利用 [J]. 青海师范大学民族师范学院学报，15 (1)：62-64.
李家奎，索朗斯珠，贡嘎，等，2012. 牦牛重要传染病和寄生虫的防治与展望 [J]. 中国奶牛 (1)：30-33.
李孔亮，陆仲磷，1990. 牦牛科学研究论文集 [M]. 兰州：甘肃民族出版社.
李鹏，余群力，王存堂，等，2007. 对甘南牦牛血清生化指标的测定 [J]. 山地农业生物学报，26 (4)：362-364.
李鹏，余群力，杨勤，等，2006. 甘南黑牦牛肉品质分析 [J]. 甘肃农业大学学报，41 (6)：114-117.
李盛杰，2013. 牦牛脑红蛋白基因 CDS 遗传变异研究 [D]. 兰州：甘肃农业大学.
李天科，梁春年，郎侠，等，2014. 甘南牦牛 *GDF-10* 基因多态与生产性状的相关性分析 [J]. 中国农业科学 (1)：161-169.
李天科，赵娟花，裴杰，等，2015. 牦牦牛 *Ihh* 基因组织表达分析、SNP 检测及其基因型组合与生产性状的关联分析 [J]. 畜牧兽医学报 (1)：50-59.
李彦清，牛晓亮，胡江，等，2015. 牦牛和普通牛 BoLA-DRA * Exon2-intron2 多态性分析 [J]. 华北农学报 (4)：72-77.
李永坚，王文勇，2009. 高原牦牛牛皮蝇蛆感染情况调查及防治 [J]. 中国畜牧兽医，36 (4)：168-169.
李有智，姜福兰，2007. 牦牛病毒性腹泻-黏膜病的防制 [J]. 中国畜牧兽医，34 (1)：141-142.

梁春年，2011. 牦牛 *MSTN* 和 *IGF-IR* 基因的克隆及 SNPs 与生长性状相关性研究［D］. 兰州：甘肃农业大学.

刘建，刘文博，吴晓云，等，2013. 牦牛 *CART* 基因克隆、单核苷酸多态性检测及生物信息学分析［J］. 畜牧兽医学报（8）：1219-1228.

刘书杰，王万邦，薛自柴，等，1997. 不同物候期放牧牦牛采食量的研究［J］. 青海畜牧兽医杂志，27（2）：5-9.

刘文道，1991. 青藏高原牛羊寄生虫病的春季高潮和防治［J］. 中国兽医杂志，17（2）：25-26.

刘亚刚，殷中琼，刘世贵，等，2003. 牦牛病毒性腹泻-黏膜病的防制研究［J］. 中国预防兽医学报，25（6）：487-489.

娄延岳，杜晓华，罗玉柱，等，2015. 甘南牦牛 *CYGB* 基因的克隆及生物信息学分析［J］. 西北农林科技大学学报（4）：1-6.

陆仲磷，2007. 中国牦牛科学技术发展回顾与展望［J］. 中国牛业科学，33（4）：4-13.

路彩琴，2003. 牦牛冷季放牧加补饲育肥效果好［J］. 中国草食动物，23（4）：39.

罗光荣，曾华，何仁业，2007. 牦牛焦虫病的诊断与综合防治［J］. 草业与畜牧（5）：44-46.

马登录，杨勤，石红梅，等，2014. 牦牛错峰出栏肥育试验报告［J］. 中国牛业科学，40（1）：21-22.

马登录，张海滨，2012. 冷季补饲精饲料对不同年龄段甘南牦牛增重的影响［J］. 畜牧与兽医，44（11）：32-34.

马桂琳，2006. 甘南州牦牛资源的保护利用［J］. 畜牧兽医杂志，25（4）：41-42.

马江，1983. 家畜品种资源调查报告［J］. 甘南科技（1）：22-36.

马江，1993. 甘南藏族自治州畜牧志［M］. 兰州：甘肃民族出版社.

马艳丽，2009. 青海省门源县乱海子草原牦牛肝片吸虫病的调查［J］. 中国牛业科学，35（4）：11-12.

牟永娟，阎萍，梁春年，等，2015. 代乳料对甘南牦犊牛生长发育及母牦牛繁殖性能的影响［J］. 中国草食动物科学（3）：70-72.

牛晓亮，李彦清，胡江，等，2015. 牦牛 *CAPN4* 基因启动子区突变对胴体及肉质性状的影响［J］. 华北农学报（2）：28-34.

潘红梅，2013. 牦牛 *CAPN3* 基因克隆、多态性及胴体和肉质性状关联分析［D］. 兰州：甘肃农业大学.

庞生久，2015. 浅议提高甘南牦牛繁殖效率的综合措施［J］. 畜禽生产，45（3）：50-55.

祁红霞，2006. 尿素糖浆营养舔砖对放牧牦牛和藏羊的补饲效果［J］. 当代畜牧（12）：27-28.

祁珊珊，王雯慧，赵晋军，等，2009. 成年牦牛感染扩展莫尼茨绦虫的局部免疫细胞学反应［J］. 中国兽医科学，39（12）：1094－1098.

钱依宁，刘忠贤，1999. 牦牛的繁殖［J］. 饲料与畜牧（4）：27－29.

秦文，2014. *PPARα* 信号通路基因与牦牛肌内脂肪酸含量的相关性研究［D］. 兰州：甘肃农业大学.

申小云，2001. 阿万仓牛品种资源调查［J］. 中国草食动物，3（5）：51－52.

石红梅，丁考仁青，杨勤，等，2013. 甘南牦牛一年一产试验［J］. 中国牛业科学（6）：35－37.

石红梅，杨勤，郭淑珍，等，2009. 饲养管理方式对甘南牦牛繁殖力及杂交后代影响的研究［J］. 中国牛业科学（4）：6－8.

石红梅，杨勤，马登录，等，2013. 甘南牦牛繁殖性能调查及提高繁殖性能的技术措施［J］. 中国牛业科学，39（1）：80－83.

石宁宁，杜晓华，罗玉柱，等，2013. 甘南牦牛 *NGB* 基因的克隆及序列分析［J］. 西北农林科技大学学报（4）：14－20.

史生寿，2010. 高原牦牛的饲养管理［J］. 山东畜牧兽医（7）：95.

宋天增，冯静，曾宪垠，等，2011. 牦牛的人工授精技术［J］. 中国牛业科学（3）：64－66.

孙鹏飞，崔占鸿，柴沙驼，等，2014. 高原牦牛营养研究进展［J］. 江苏农业科学，42（9）：172－175.

孙雪婧，2014. 牦牛 *CYGB* 基因序列分析及其内含子多态性研究［D］. 兰州：甘肃农业大学.

唐岭田，2004. 常用饲料原料品质的快速检验［J］. 黑龙江畜牧兽医（10）：55－56.

田生珠，祁芝梅，2007. 牦牛棘球蚴病的调查与防制［J］. 中国畜牧兽医，34（11）：115－117.

田知利，陈杰，胡江，等，2016. 牦牛和普通牛 DRB1 * Intron 1 - exon2 序列变异分析［J］. 华北农学报（3）：72－79.

汪洋，易力，王红宁，等，2008. 川西北牦牛致病性大肠杆菌的分离鉴定及药敏试验［J］. 中国兽医杂志，44（5）：36－38.

王宏博，高雅琴，李维红，等，2007. 我国牦牛种群资源及其绒毛纤维特性的研究状况［J］. 经济动物学报，11（3）：168－170.

王晓玲，刘雪梅，1999. 鱼粉中掺假掺杂物鉴别检测方法［J］. 中国饲料（10）：22－23.

魏锁成，2007. 甘南牦牛矿物质元素和血液生化指标测定［J］. 西北民族大学学报，28（68）：48－50.

文艺，2008. 高寒牧区牛羊胃肠道线虫病调查与防治试验报告［J］. 中国兽医寄生虫病，16（5）：30－33.

肖志清，1985. 利用天然牧草营养育肥幼龄牦牛黑犏牛浅析［J］. 四川草原（1）：89－93.

谢敖云，柴沙驼，王万邦，等，1996. 高山草甸草地产草量及牧草营养变化规律［J］. 青海省畜牧兽医杂志，26（2）：8－10.

谢敖云，李军清，王万邦，等，1996. 夏秋草地放牧牦牛、藏羊的补饲效果［J］. 青海畜牧兽医杂志，26（1）：17－18.

谢荣清，杨平贵，郑群英，等，2006. 牦牛适时出栏技术研究报告［J］. 四川草原（4）：22－29.

谢荣清，郑群英，罗光荣，2004. 麦洼牦牛暖季补饲育肥效果研究［J］. 草食家畜，125（4）：56－58.

邢成锋，2009. 牦牛 *LPL* 和 *H－FABP* 基因多态与生长发育性状相关性研究［D］. 北京：中国农业科学院.

徐敏云，贺金生，2014. 草地载畜量研究进展：概念，理论和模型［J］. 草业学报，23（3）：313－324.

许万根，苗泽荣，1992. 目标规划优化畜禽饲料配方的初步研究［J］. 饲料工业，13（3）：7－11.

薛白，韩兴泰，2001. 日粮精饲料水平对牦牛和黑白花牛营养物利用率的影响［J］. 中国草食动物（6）：3－8.

薛白，赵新全，张耀生，2004. 青藏高原天然草场放牧家畜的采食量动态研究［J］. 家畜生态，25（4）：21－25.

薛艳锋，郝力壮，牛建章，等，2015. 舍饲对生长期牦牛血液生化指标和生长性能的影响［J］. 江苏农业科学，43（8）：211－213.

阎萍，2007. 牦牛养殖实用技术问答［M］. 兰州：甘肃民族出版社.

阎萍，梁春年，2019. 中国牦牛［M］. 北京：中国农业科学技术出版社.

阎萍，潘和平，2004. 环境因素对牦牛繁殖性能的影响［J］. 畜牧与兽医（5）：15－16.

羊云飞，王红宁，杨光友，等，2003. 川西北草原牦牛、藏羊肠道寄生虫流行病学调查及防治措施［J］. 四川畜牧兽医（154）：33－35.

杨乔青，2009. 缺草季节放牧牦牛采食量的测定［J］. 养殖与饲料（10）：68－69.

杨勤，2009. 甘南高原特色畜种种质特性与利用［M］. 兰州：甘肃科学技术出版社.

杨勤，石红梅，丁考仁青，等，2015. 甘南牧区不同处理秸秆饲料营养价值分析［J］. 中国草食动物科学（1）：77－78.

杨勤，石红梅，马登录，等，2007. 中国草原红牛与甘南牦牛杂交试验研究［J］. 中国牛业科学，33（3）：1－2.

杨晓东，石艳华，厚今，2001. 畜禽常用饲料伪劣的简易识别法［J］. 饲料与畜牧（3）：78.

姚玉妮，阎萍，梁春年，等，2008. 不同地方品种牦牛 *IGF－1* 基因的 PCR－SSCP 分析

[J]. 中国草食动物，28 (3)：9-11.
殷元虎，2002. 肉用牛饲养管理技术之二——肉用牛常用饲草饲料及其调制 [J]. 养殖技术顾问 (8)：4-5.
尹荣华，字向东，马志杰，等，2007. 牦牛行为研究及其应用探析 [J]. 中国牛业科学，33 (5)：60-62.
袁廷杰，刘巧香，邓露芳，等，2014. 蒸汽压片玉米加工工艺及质量评价方法的研究进展 [J]. 中国畜牧兽医 (7)：112-117.
昝林森，2007. 牛生产学 [M]. 2版. 北京：中国农业出版社.
张德罡，1998. 尿素糖蜜多营养舔砖补饲牦牛效果的研究 [J]. 草业学报，7 (1)：66-70.
张海滨，文志平，赵光平，等，2016. 甘南牦牛半农半牧区暖棚保膘育肥试验效果分析 [J]. 畜牧兽医杂志，35 (2)：106-107.
张建一，梁春年，吴晓云，等，2014. 牦牛 *Agouti* 基因的克隆及编码区多态性研究 [J]. 华北农学报 (5)：59-65.
张利库，2006. 中国饲料产业发展报告 [M]. 北京：中国农业出版社.
张荣昶，1989. 中国的牦牛 [M]. 兰州：甘肃科学技术出版社.
张森，阎萍，梁春年，等，2008. 三个牦牛品种生长激素受体 (GRH) 基因 PCR-SSCP 分析 [J]. 中国草食动物，28 (3)：18-20.
张玉柱，2001. 添加剂预混合饲料企业现状与发展趋势 [J]. 饲料研究 (5)：23.
中国牦牛学编写委员会，1989. 中国牦牛学 [M]. 成都：四川科学技术出版社.
周根来，王恬，2002. 鱼粉优劣的影响因素及合理评价 [J]. 畜牧与兽医 (11)：17-18.
周建华，丛国正，王光华，等，2007. 口蹄疫病毒对牦牛持续性感染的分析 [J]. 浙江农业科学 (4)：468-471.
周立业，2007. 不同饲养方式对放牧犏牦牛生长发育及肉品品质的影响 [D]. 兰州：甘肃农业大学.
周立业，龙瑞军，蒲秀英，等，2009. 不同饲养方式对牦犏牛生长性能的影响 [J]. 中国草食动物 (2)：32-34.
朱国兴，张云玲，2005. 浅谈我国牦牛业生产现状及发展思路 [J]. 中国畜牧杂志，41 (1)：61-62.
Long R J, Dong S K, Wei X H, et al, 2005. The effect of supplementary feeds on the bodyweight of yaks in cold season [J]. Livestork Production Science, 93 (3): 197-204.

附　　录

《甘南牦牛》
（NY/T 2829—2015）

ICS　65.020.30
B　43

NY

中华人民共和国农业行业标准

NY 2829—2015

甘南牦牛

Gannan yak

2015－10－09 发布　　2015－12－01 实施

中华人民共和国农业部　发布

前　言

本标准按照 GB/T 1.1—2009 给出的规则起草。

本标准由中华人民共和国农业部畜牧业司提出。

本标准由全国畜牧业标准化技术委员会（SAC/TC 274）归口。

本标准起草单位：中国农业科学院兰州畜牧与兽药研究所、全国畜牧总站、甘南藏族自治州畜牧科学研究所。

本标准主要起草人：梁春年、赵小丽、阎萍、杨勤、郭宪、包鹏甲、丁学智、王宏博、裴杰、褚敏、朱新书。

1 范围

本标准规定了甘南牦牛的品种来源、体型外貌、生产性能、性能测定及等级评定。

本标准适用于甘南牦牛品种鉴定、等级评定。

2 规范性引用文件

下列文件对于本文件的应用是必不可少的。凡是注日期的引用文件，仅所注日期的版本适用于本文件。凡是不注日期的引用文件，其最新版本（包括所有的修改单）适用于本文件。

GB 4143 牛冷冻精液

GB 16567 种畜禽调运检疫技术规范

NY/T 2766 牦牛生产性能测定技术规范

3 品种来源

甘南牦牛主要分布在甘肃省甘南藏族自治州海拔 2 800 米以上的高寒草原地区，中心产区为玛曲县、碌曲县、夏河县。

4 体型外貌

头较大，额短而宽并稍显突起。鼻孔开张，唇薄灵活，眼圆突出有神，耳小灵活。公母牛多数有角，公牛角粗长，母牛角细长。颈短而薄，无垂皮，鬐甲较高，背腰平直，前躯发育良好。腹大不下垂。四肢较短，粗壮有力。尾较短，尾毛长而蓬松。被毛以黑色为主，少量黑白杂色。体质结实，结构紧凑。外貌特征参见附录 A。

5 生产性能

5.1 体重体尺

在全天然放牧条件下，公牛初生重不小于 12 kg，6 月龄重不小于 70 kg，18 月龄重不小于 100 kg，48 月龄体重不小于 230 kg；母牛初生重不小于

11 kg，6 月龄重不小于 65 kg，18 月龄重不小于 95 kg，48 月龄体重不小于 170 kg。

48 月龄牦牛体尺见表 1。

表 1　48 月龄牦牛体尺（cm）

性别	体高	体斜长	胸围	管围
公	116	130	170	18
母	111	128	160	16

5.2　繁殖性能

公牦牛性成熟期在 18 月龄，初配年龄为 30 月龄。母牦牛初情期在 30～36 月龄，发情季节一般在 7 月—9 月份，一般三年二胎，少数一年一胎或二年一胎，繁殖成活率 45%～50%。种公牛精液质量应符合 GB 4143 要求。

5.3　产肉性能

在全天然放牧条件下，成年公牦牛屠宰率不低于 49%，净肉率不低于 39%，眼肌面积不低于 38 cm^2；成年母牦牛屠宰率不低于 47%，净肉率不低于 38%，眼肌面积不低于 35 cm^2。

5.4　泌乳性能

在全天然放牧条件下，泌乳期 150 d，泌乳量 450 kg。

5.5　产毛、绒性能

成年公牛年平均产毛量 1.9 kg、产绒量 0.6 kg，成年母牛年平均产毛量 1.4 kg、产绒量 0.4 kg。

6　性能测定

生产性能测定按照 NY/T 2766 的规定执行。

7　等级评定

7.1　必备条件

7.1.1　体型外貌应符合本品种特征。

7.1.2　生殖器官发育正常。

7.1.3　无遗传缺陷，健康状况良好。

7.1.4 牛来源清楚，档案齐全。

7.2 体型外貌

按附录B评分后，再按表2确定体型外貌等级。牦牛初评在剪毛前，剪毛后复查并调整等级。

表2 体型外貌等级评定（分）

等级	公牛	母牛
特级	≥85	≥80
一级	≥80	≥75
二级	≥75	≥70
三级	/	≥65

7.3 体重

体重按表3进行等级评定。

表3 体重等级评定（kg）

性别	年龄或胎次	特级	一级	二级	三级
公牛	72月龄及以上	≥460	≥400	≥340	/
	60月龄	≥380	≥330	≥280	/
	48月龄	≥320	≥270	≥230	/
	36月龄	≥250	≥210	≥180	/
	18月龄	/	≥140	≥120	≥100
	6月龄	/	≥90	≥80	≥70
	初生	/	≥14	≥13	≥12
母牛	48月龄及以上	≥270	≥230	≥200	≥170
	36月龄	≥245	≥210	≥175	≥150
	18月龄	/	≥130	≥110	≥95
	6月龄	/	≥85	≥75	≥65
	初生	/	≥13	≥12	≥11

7.4 体高

体高等级评定按表4进行，评定时间在剪毛前。

表 4　体高等级评定（cm）

性别	年龄或胎次	特级	一级	二级	三级
公牛	72 月龄及以上	≥136	≥130	≥125	/
	60 月龄	≥132	≥126	≥120	/
	48 月龄	≥128	≥122	≥116	/
	36 月龄	≥124	≥118	≥112	/
	18 月龄	/	≥102	≥96	≥92
	6 月龄	/	≥91	≥87	≥82
	初生	/	≥56	≥52	≥49
母牛	48 月龄及以上	≥125	≥115	≥110	≥105
	36 月龄	≥120	≥110	≥105	≥100
	18 月龄	/	≥99	≥93	≥87
	6 月龄	/	≥90	≥85	≥80
	初生	/	≥54	≥50	≥47

7.5　综合评定

以体型外貌、体重、体高三项均等权重进行等级评定。两项为特级、一项为一级以上，评为特级；两项为一级、一项为二级以上，评为一级。见表 5。

表 5　综合评定等级

项目	等级																	
单项等级	特	特	特	特	特	特	特	特	特	一	一	一	一	一	一	二	二	二
	特	特	特	特	一	一	一	二	二	一	一	一	二	二	三	二	二	三
	特	一	二	三	一	二	三	二	三	一	二	三	二	三	三	二	三	三
总评等级	特	特	一	二	一	一	二	二	三	一	一	二	二	二	三	二	二	三

8　种牛出场要求

8.1　符合 7.1 的要求。

8.2　种公牛体重、体型外貌评定必须达到特、一级；种母牛综合评定在一级以上。

8.3　有种牛合格证，耳标清楚，档案准确齐全，质量鉴定人员签字。

8.4　按照 GB 16567 的要求出具检疫证书。

附录 A

（资料性附录）

甘南牦牛体型外貌照片

图 A.1　甘南牦牛公牛（侧面）

图 A.2　甘南牦牛母牛（侧面）

图 A.3　甘南牦牛公牛（头部）

图 A.4　甘南牦牛母牛（头部）

图 A.5　甘南牦牛公牛（臀部）

图 A.6　甘南牦牛母牛（臀部）

附录B

（规范性附录）

甘南牦牛体型外貌评分表

项目	评满分的要求	公牦牛		母牦牛	
		标准分	评分	标准分	评分
一般外貌	外貌特征明显，体质结实。结构匀称，头大小适中，眼大有神。公牦牛雄性明显，鬐甲隆起，颈粗短，母牛清秀，鬐甲稍隆起，颈长适中。	30		30	
体躯	颈肩结合良好，胸宽深，肋开张，背腰平直。公牛腹部紧凑，母牛腹大不下垂。荐尾结合良好。	25		25	
生殖器官和乳房	睾丸发育正常，大小适中，匀称。乳房发育良好，附着紧凑，乳头分布匀称，大小适中。	10		15	
肢、蹄	健壮结实，关节明显，肢势端正。蹄形正、质结实、行走有力。	15		10	
被毛	被毛黑色，光泽好，全身被毛丰厚，背腰绒毛厚，各关节突出处、体侧及腹部毛密而长。尾毛密长，裙毛生长好。	20		20	
总分		100		100	

图书在版编目（CIP）数据

甘南牦牛 / 梁春年，阎萍主编．—北京：中国农业出版社，2020.1

（中国特色畜禽遗传资源保护与利用丛书）

国家出版基金项目

ISBN 978-7-109-26650-6

Ⅰ.①甘…　Ⅱ.①梁…②阎…　Ⅲ.①牦牛—饲养管理　Ⅳ.①S823.8

中国版本图书馆 CIP 数据核字（2020）第 039224 号

内容提要：本书共十章，内容涵盖甘南牦牛品种起源与形成过程、品种特性及性能、品种保护、品种选育、品种繁殖、常用饲料及加工技术、营养需要和饲养管理技术、保健与疫病预防、养殖场建设与环境控制及产品开发利用与品牌建设等。系统总结了甘南牦牛生产和研究领域的研究成果和作者的研究实践，具有鲜明的时代特色和浓郁的青藏高原地方特色。本书将为从事牦牛生产、畜产品加工、生物多样性保护和牦牛遗传育种相关研究人员拓展视野，提供全新的思路，从而推动甘南牦牛产业化生产迈向新的台阶。

中国农业出版社出版

地址：北京市朝阳区麦子店街 18 号楼

邮编：100125

责任编辑：周晓艳

版式设计：杨　婧　　责任校对：刘丽香

印刷：北京通州皇家印刷厂

版次：2020 年 1 月第 1 版

印次：2020 年 1 月北京第 1 次印刷

发行：新华书店北京发行所

开本：720mm×960mm　1/16

印张：12.25

字数：217 千字

定价：84.00 元